高等院校艺术学门类“十四五”系列教材
四川旅游学院第一批教材建设资助出版

三维软件应用

SANWEI RUANJIAN YINGYONG

编　著　单　宁　卢睿泓　胡　幸
副主编　蒋梦菲　宋　晶　谢　科

華中科技大學出版社
http://www.hustp.com
中国·武汉

图书在版编目(CIP)数据

三维软件应用/单宁,卢睿泓,胡幸编著. —武汉：华中科技大学出版社,2022.5

ISBN 978-7-5680-8200-6

Ⅰ.①三… Ⅱ.①单… ②卢… ③胡… Ⅲ.①环境设计-计算机辅助设计-应用软件 Ⅳ.①TU-856

中国版本图书馆 CIP 数据核字(2022)第 063731 号

三维软件应用 单 宁 卢睿泓 胡 幸 编著

Sanwei Ruanjian Yingyong

策划编辑：彭中军

责任编辑：白 慧

封面设计：孢 子

责任监印：朱 玢

出版发行：华中科技大学出版社(中国·武汉) 电话：(027)81321913

武汉市东湖新技术开发区华工科技园 邮编：430223

录 排：武汉创易图文工作室

印 刷：武汉精一佳印刷有限公司

开 本：880 mm×1230 mm 1/16

印 张：10.75

字 数：340 千字

版 次：2022 年 5 月第 1 版第 1 次印刷

定 价：69.00 元

作者简介
Introduction of the authors

单宁，副教授，艺术学博士在读。中国工艺美术协会会员、中国西部陶艺文化中心委员、四川省照明电器协会照明设计专业委员会委员、中国美术研究院会员、全国信息化工程师、创新创业导师、华中科技大学出版社艺术系列图书评审专家、《当代旅游》杂志审稿专家、成都四方吉意装饰工程设计有限公司创始人兼设计总监、第二十六届中国国际家具展览会优秀绿色搭建奖评审委员会委员、第九届全国高校数字艺术设计大赛评审专家、第五期全国高校会展专业实践教学骨干教师研修班暨高级展示设计师研修班培训专家、全国高校商业精英挑战赛会展创新创业实践竞赛专家评委。长期从事高校设计教学及社会设计实践等相关工作。个人主要研究方向:展示空间设计、设计图像表达语言。

曾主持中国核动力科技馆投标方案设计项目、核动力院反应堆燃料及材料重点实验室展厅设计项目、外交部美食展台设计项目、华宇集团售楼部改造方案、万科展厅设计、鸿源门窗专营店建筑外观及展厅设计、四川文化艺术学院校园景观设计项目、成都海洋之恋主题酒店设计等实际设计项目 46 项。先后主持地厅级科研项目 5 项，参与省部级、地厅级科研项目 15 项。在专业及核心期刊发表论文 26 篇，获得新加坡金沙艺术设计大赛银奖、第五届国际环保公益设计大赛银奖、2021 CADA 日本概念艺术设计奖铜奖、BICC 中英国际创意大赛铜奖、第二届国际潮流文化设计大赛铜奖、第二届 · 铸剑杯纪念人民军工创建九十周年文化创意大赛专业组全国决赛三等奖、第三届香港当代设计奖专业组银奖、英国生态设计奖铜奖、2018 年度中国(四川)设计嘉年华 TOP40 等国内外设计奖项 72 项。目前有 12 项专利获得国家知识产权局授权，其中国家实用新型专利 5 项，国家外观设计专利 7 项。目前主要承担“展示设计”“三维软件应用”“居住空间设计”等课程。曾获得教育部主办的全国多媒体课件大赛一等奖及微课大赛二等奖等各种教学奖项 40 余项，主持的 4 门省级精品课程分别入选四川省省级精品在线开放课程、四川省省级应用型示范课程、四川省省级线上线下混合式一流本科课程、四川省省级线上一流本科课程，获得校级教学成果三等奖。出版《展示空间案例分析》《世博会展示设计研究》学术专著 2 本，主编《展示设计》《展示设计与工程》《景观设计基础》等教材 5 本。

卢睿泓，讲师，硕士研究生，毕业于四川美术学院。四川省照明电器协会照明设计专业委员会委员、重庆南希美宿文化传播有限公司设计总监、+MO 空间设计工作室主创设计师。主要从事环境设计教学与科研工作。个人主要研究方向：传统民居营造、旅游空间环境设计。

曾主持 Ventus-hotel 项目、君合酒店项目、君雅酒店项目、布拉诺国际幼儿园项目、CARSIO 山居别墅项目、成都浪速城市赛艇中心项目；参与四川美术学院院办会议室改造项目、四川美术学院艺术实验教学中心 VR 虚拟现实实验室及材料室改造项目、私飨 · 意境文化川菜项目、花溪 · 止戈办公大楼项目等实际设计项目 20 余项。先后主持地厅级、校级科研项目 2 项，参与省部级、地厅级科研项目 5 项，公开发表学术论文 7 篇。多次参与"为中国而设计""人居环境设计学年奖""亚洲设计学年奖"等国家级、省部级设计竞赛并获奖，共计 14 项。目前主要承担"三维软件应用""餐饮空间设计""陈设设计""酒店设计"等课程，指导学生参加大学生科研、创新创业、设计竞赛项目等 20 余项，2020 年被评为全国高校数字艺术设计大赛优秀指导教师、四川省高校环境设计大展优秀指导教师。

胡幸，讲师，硕士毕业于英国曼彻斯特大学环境与发展学院。主要研究方向：城市更新、生态与智慧城市建设。曾参与英国利物浦 Levenshulme 邻里计划街区规划项目，奥地利、维也纳等多个国际实地考察项目，成都新津公园规划与设计、青龙湖规划与设计、四川天府新区街道提升与改造等项目。目前主要承担"城市景观设计""三维软件应用""生态设计""景观小品设计"等课程。指导学生参加国内外多个比赛并获奖，参与多个科研项目，国内外发表论文数篇。

前言
Preface

本书在 OBE 教育理念的指导下，以立德树人为根本任务，围绕“产教融合、多元协同”的人才培养思路，按照“学、展、赛、创、用”五位一体的专业教学模式，强化实践教学。本书侧重于设计项目中的重要实操内容的讲解，通过校企合作制定人才培养方案，共同研发课程，实现“社会项目进课堂，课堂教学进社会”的互动局面，达到“教师快乐地教，学生开心地学”的效果。本书对三维软件教学进行了一些尝试性的改革。书中主要讲授了 SketchUp 软件，并融合了多个三维软件的精华，如 Enscape、Lumion、KeyShot 在环境设计、风景园林等专业中的运用，比较系统地讨论了三维软件相关的理论知识与实操技巧。因此，本书可以作为高等院校环境设计、风景园林等相关专业的教材或教学参考书，也可以作为环境设计从业人员和相关岗位的培训用书。

首先，本书在编写过程中以最新的三维软件理论知识为基础，并结合环境设计、风景园林等专业的特点，强调理论与实践相结合，精选了大量形象、直观的案例来诠释本书涉及的三维软件的操作技巧，以期达到启发学生思路且授之以渔的目的。其次，本书内容经高度提炼加工，所讲内容均是较实用的知识。在内容上采用了由浅入深、循序渐进的编排方式，尽量满足环境设计、风景园林等专业师生及从业人员在实际应用中的需要。本书知识体系结构严谨，所配插图均具有典型性。最后，本书最大的亮点就是数字教育资源的建设与应用。此外，本书作者还为广大一线教师提供了服务于本书的教学课件、大纲、素材等各种教学资源，有需要可加微信 shanning1983 或发邮件至 QQ 邮箱(343767814@qq.com)索取。

《三维软件应用》数字资源如下：

(1)“三维软件应用”慕课二维码如下(请用学习通扫描)：

“三维软件应用”慕课二维码

(2)“单宁设计”微信公众号二维码如下：

“单宁设计”微信公众号二维码

本书的内容是在整理讲稿和教案的基础上形成的，同时参考和借鉴了不少国内外的相关书籍。由于作者学识水平有限，书中存在一些不妥之处，还请广大读者予以批评指正，以便在今后的教学与实践中改进和完善。最后要特别感谢华中科技大学出版社对本书出版的支持与帮助。

课时安排

章节	内容	课时	
		理论学时（32学时）	实践学时（32学时）
第一章　概述	第一节　常用三维软件的介绍	1	0
	第二节　三维软件应用领域的介绍	1	
第二章　SketchUp软件基础	第一节　SketchUp的特点	0.5	0
	第二节　SketchUp界面优化及视图切换	0.5	
	第三节　对象的选择与删除	0.5	
	第四节　SketchUp的显示风格及样式设置	0.5	
第三章　SketchUp绘图工具＋KeyShot 9渲染表现	第一节　SketchUp绘图工具的操作	2	2
	第二节　KeyShot 9家具绘制与表现	2	
第四章　SketchUp编辑工具	第一节　SketchUp编辑工具的操作	2	2
	第二节　室外景观小品绘制与欣赏	2	
第五章　SketchUp建筑工具与漫游工具	第一节　SketchUp建筑工具的操作	2	
	第二节　SketchUp漫游工具的操作	2	
第六章　SketchUp常用高级工具	第一节　SketchUp高级工具	3	
	第二节　SUAPP	1	
第七章　室内空间效果图表现	第一节　室内空间环境建模与材质赋予	3	8
	第二节　Enscape 2.7基本操作与室内渲染表现	3	
第八章　室外景观效果图表现	第一节　景观环境建模与材质赋予	3	8
	第二节　Lumion 9.0景观环境表现与漫游动画制作	3	
实训项目五:综合实训	室内或室外的空间环境效果图与漫游动画表现		12

目录
Contents

第一章

概　述

本章概述

本章由常用三维软件的介绍和三维软件应用领域的介绍两部分组成。第一节主要是对 SketchUp、Lumion、3ds Max、Rhinoceros、Maya、Softimage、Lightwave 3D、Cinema 4D 等三维软件进行介绍。第二节通过三维软件在环境设计中的应用、三维软件在产品设计中的应用、三维软件在影视动画方面的应用对三维软件进行了解与掌握。

学习目标

让学生了解不同的三维软件的相关知识，同时通过学习三维软件在环境设计中的应用、三维软件在产品设计中的应用、三维软件在影视动画方面的应用，对后期的软件操作学习有一个初步的概念。

第一节 常用三维软件的介绍

一、SketchUp

SketchUp(见图 1-1)是一款直观、灵活、易于使用的三维设计软件，好比电脑设计中的“铅笔”，被誉为“草图大师”。SketchUp 最初由 Last Software 公司开发。

图 1-1　SketchUp 图标

SketchUp 的特点如下：

(1)操作界面十分简洁，画线成面，推拉成型，方便掌握。

(2)适用范围广，广泛应用于城市规划设计、建筑设计、园林景观设计、室内设计等设计领域。

(3)与 AutoCAD，3ds Max 等软件兼容性良好，可快速导入和导出 DWG、JPG、3DS 等格式的文件，可以实现方案构思、施工图与效果图绘制的完美结合。

(4)具有多种显示模式。

(5)阴影和日照定位准确，设计师可以根据建筑物所在地区和时间实时进行阴影和日照分析。

(6)空间尺寸和文字的标注简便。

(7)可快速得到任意位置的剖面。

SketchUp 图标的变更历程如图 1-2 所示，SketchUp 的启动界面如图 1-3 所示。

二、Lumion

Lumion 是一个实时的 3D 可视化工具，可用来制作电影和效果图，其涉及的领域包括建筑、规划和设计。Lumion 的主要功能在于图像的呈现，可以快速地在电脑上创建虚拟现实。Lumion 渲染大幅降低了效果图的制作时间，可以在短短几秒内就创造惊人的建筑可视化效果。

图 1-2　SketchUp 图标变更历程　　　　图 1-3　SketchUp 启动界面

Lumion 的图标和运行界面如图 1-4、图 1-5 所示。

Lumion 是目前建筑行业中最快速的渲染软件之一，短短几秒钟内，可以将模型以视频或图像的形式体现。新版本的 Lumion 可以在捕捉场景的同时，让画面显得更为逼真。比如 Lumion 9.0 添加了一键式真实天空，可投射新的光影到场景中，立即为设计作品创造一个漂亮、独特的背景，还可用毛茸茸的地毯和蓬松的毯子作为装饰，让真实雨景得以体现。另外，较为复杂的环境也可以在新改进的场景构建工具中快速获得创建。

图 1-4　Lumion 图标

图 1-5　Lumion 运行界面

三、3D Studio Max

3D Studio Max 简称为 3ds Max 或 MAX，是 Discreet 公司（后被 Autodesk 公司合并）开发的基于 PC 系统的三维动画渲染和制作软件（见图 1-6 和图 1-7）。其前身是基于 DOS 操作系统的 3D Studio 系列软件。3D Studio Max 最开始主要运用于电脑游戏中的动画制作，后来开始参与影视的特效制作，例如电影《最后的武士》《X 战警 2》等。在 Discreet 3ds Max 7 后，该软件正式更名为 Autodesk 3ds Max，最新版本是 3ds Max 2022。

图 1-6　3ds Max

图 1-7　3ds Max 软件界面

3ds Max 广泛应用于广告、影视、工业设计、建筑设计、三维动画、多媒体制作、游戏、辅助教学以及工程可视化等领域。为了迎合大数据时代，3ds Max 软件未来将向智能化、多元化和现代化的方向发展。

四、Rhinoceros

Rhinoceros 的中文名为犀牛，简称 Rhino，是美国 Robert McNeel & Associates 公司于 1998 年 8 月开发的 PC 上强大的专业 3D 造型软件（见图 1-8 和图 1-9）。Rhinoceros 软件具备优秀的 NURBS（non-uniform rational B-spline）建模方式，也有类似于 3ds Max 的网格建模插件 T-Splines。Rhinoceros 可以建立、编辑、分析及转译 NURBS，用直线、圆弧、圆圈、正方形等基本 2D 图形来进行仿真，适合运用于建筑设计、教育学习、游戏设计及工业设计领域。其发展理念是以 Rhino 为系统，不断开发各种行业的专业插件、多种渲染插件、动画插件、模型参数及限制修改插件等，使之不断完善，发展成一个通用型的设计软件。

图 1-8　犀牛软件图标

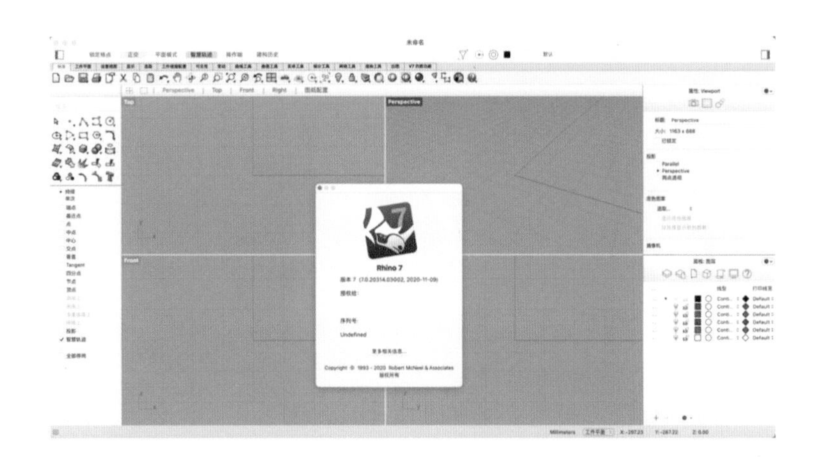

图 1-9　犀牛软件启动界面

五、Maya

Maya 是一款精良的三维动画软件，在国外，视觉设计领域的大部分设计师都在使用 Maya，而在国内该软件也越来越普及(见图 1-10 和图 1-11)。由于 Maya 软件功能强大，体系完善，因此国内很多的三维动画制作人员都开始转向 Maya，而且很多公司也都开始将 Maya 作为其主要的创作工具。目前 Maya 软件已成为三维动画软件的主流。Maya 的应用领域极其广泛，比如“星球大战”系列、“指环王”系列、“蜘蛛侠”系列、“哈利 · 波特”系列电影的制作都用到了 Maya 软件。

六、Softimage

Softimage 公司曾是加拿大 Avid 公司旗下的子公司。Softimage 3D 软件曾经是专业动画设计师的重要工具。但在 2014 年 3 月，Autodesk 公司发布停产声明，Softimage XSI 2015 成为最后的发行版本。早期用 Softimage 3D 创建和制作的作品占据了影视业的主要市场，《泰坦尼克号》《失落的世界》等电影中的很多镜头都是由 Softimage 3D 制作完成的，曾留下了很多惊人的创作。

Softimage 软件的界面由四部分组成：模块、菜单栏、视窗及状态栏(见图 1-12)。

图 1-10　Maya 软件图标

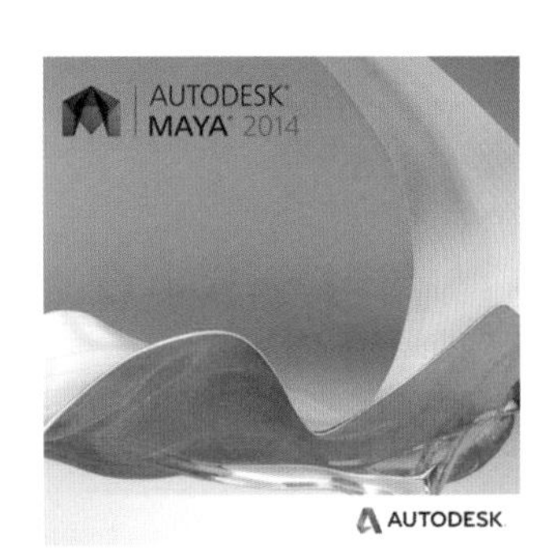

图 1-11　Maya 软件界面

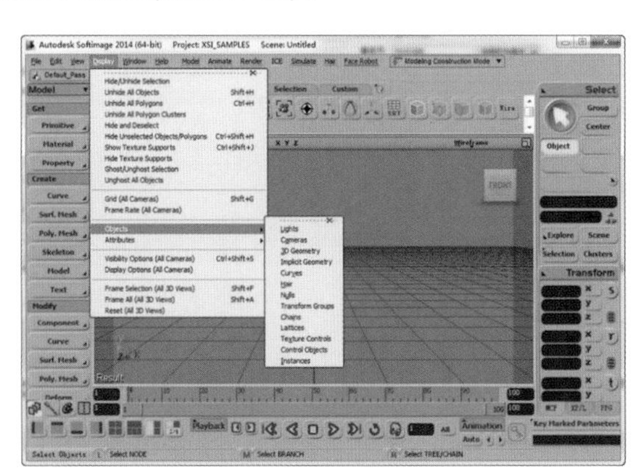

图 1-12　Softimage 启动界面

七、Lightwave 3D

Lightwave 3D 是美国 NewTek 公司开发的一款高性价比的三维动画制作软件，是为数不多的几款重量级三维动画软件之一(见图 1-13)。Lightwave 3D 发展到今天的 11.5 版本，支持 32 位和 64 位的 Windows、Mac OS 系统，主要应用在电影、电视、游戏、广告、网页、动画、印刷等领域。它的操作简单，在生物建模和角色动画方面功能异常强大，同时拥有基于光线跟踪、光能传递等技术的渲染模块，其渲染品质非常精良。

图 1-13　Lightwave 3D 启动界面

八、Cinema 4D

Cinema 4D 是德国 Maxon Computer 公司研发的 3D 绘图软件，以极高的运算速度和强大的渲染插件著称，主要用于电影的场景描绘，随着技术愈加成熟，受到越来越多的电影公司的重视(见图 1-14)。Cinema 4D 广泛应用于广告、电影、工业设计等领域，例如影片《阿凡达》就使用 Cinema 4D 制作了部分场景。

图 1-14　Cinema 4D

第二节
三维软件应用领域的介绍

一、三维软件在环境设计中的应用

在环境设计室内建模中，主要运用的三维软件是 SketchUp 和 3ds Max，而室外建模，例如城市规划设计、建筑设计、园林景观设计，一般用 SketchUp、Rhino。渲染软件主要采用 V-Ray for SketchUp，V-Ray for 3ds Max 以及 Lumion（见图 1-15 至图 1-17）。后期可使用 Photoshop 强化画面效果，用 AI 做分析图，用 InDesign 进行排版。

图 1-15 3ds Max 室内效果图 1（设计＋表现：单宁）

图 1-16 3ds Max 室内效果图 2（设计＋表现：单宁）

图 1-17 Lumion 景观效果图（设计＋表现：单宁）

二、三维软件在产品设计中的应用

Rhino 是专为工业产品及场景设计师所开发的一款极具弹性及高精确度的概念设计与模型建构工具。从设计稿到实际产品，或是一个简单的构思，Rhino 所提供的曲面工具可以精确地制作所有用来作为动画、工程图、分析评估以及生产用的模型。Rhino 可以在 Windows 环境下创造、编排或转译 NURBS 曲线、表面与实体。产品外观设计制作的过程:Rhino 建模、KeyShot 渲染、PS 后期处理。Rhino 模型效果如图 1-18 和图 1-19 所示。

图 1-18　Rhino 模型效果 1(学生:崔甜,单宁指导)

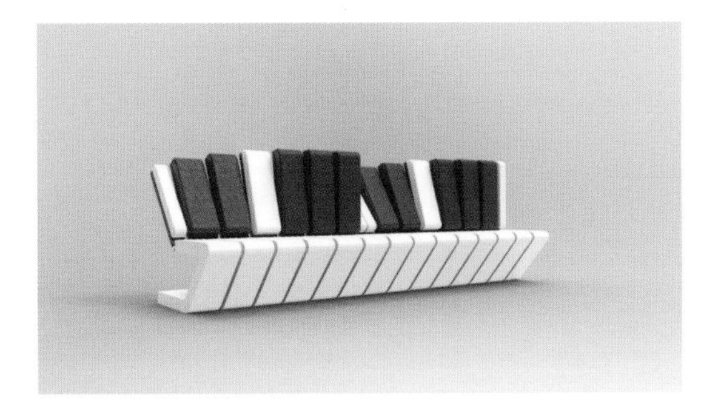

图 1-19　Rhino 模型效果 2(学生:陈家祥,单宁指导)

三、三维软件在影视动画方面的应用

Lightwave 3D 主要应用在电影、电视、游戏、网页、广告、印刷、动画等领域。它操作简便,易学易用,在生物建模和角色动画方面功能异常强大。电影《泰坦尼克号》中的船体模型、《红色星球》中的特效以及许多经典游戏均由 Lightwave 3D 开发制作完成。

Softimage 是一款巨型软件(见图 1-20),并不太适合初学者。Softimage XSI 将电脑的三维动画虚拟能力推向了极致,是最佳的动画工具之一,除了新的非线性动画功能之外,比之前更容易设定 Keyframe 的传统动画,是制作电影、广告、3D 建筑等的强力工具。

图 1-20　Softimage 软件界面

思考题

1. 三维软件主要应用在哪些领域?
2. 不同的三维软件的基本功能有哪些? 它们之间有何区别?
3. SketchUp 在环境设计中该如何运用?

融入思政内容

近年来,大学生就业普遍存在技术生疏的问题,并且大学生对专业技能与动手能力的重要性认识不够,尚处于一种无意识状态,缺乏主动性。随着市场经济体制的不断完善和市场竞争的日趋激烈,全社会对人才的认识正在发生变化,这种变化就是从注重文凭转向注重实际操作能力。

Sanwei Ruanjian Yingyong

第二章 SketchUp软件基础

本章概述

本章主要针对 SketchUp 的基础知识进行统一介绍和讲解，主要采用 SketchUp 2020 版作为教学软件讲解其使用方法。第一节对 SketchUp 的特点进行统一介绍，第二节对 SketchUp 界面优化及视图切换展开讲解，第三节是 SketchUp 中的对象选择与删除，第四节是对象显示风格及样式设置。

学习目标

让学生了解 SketchUp 的基础知识，同时通过学习 SketchUp 的主要特点，了解 SketchUp 的绘图环境和界面，通过对 SketchUp 的视图、对象以及显示风格的学习，熟悉 SketchUp 的基础操作功能，为后期的深入学习做一个铺垫。

第一节 SketchUp 的特点

一、SketchUp 基本介绍

SketchUp 是一款操作便捷且功能强大的三维建模软件，一经推出就在建筑设计领域得到了广泛应用。其快速成形、易于编辑、直观的操作和表现模式有助于建筑师对方案的推敲，实时的材质、光影表现也可以带来更为直观的视觉效果，是一款为设计师度身定制的计算机辅助设计软件(见图 2-1)。

图 2-1　SketchUp 界面

使用过 CAD 的人一般会爱上 SketchUp 独特的绘图方法。在 SketchUp 环境下，设计师不需要学习种类繁多、功能复杂的指令集，因为 SketchUp 有比较精简的工具集和一套智慧导引系统。这直接简化了 3D 绘图的过程，让使用者专注于设计。

二、SketchUp 的主要特点

(一)简洁的界面

SketchUp 具有简单易上手的特点，其工具栏与菜单命令基本重合，简明实用(见图 2-2)。SketchUp 中的所有命令都可以定义快捷键，工作流程也十分流畅，并且可以将工具图标隐藏，留出大部分的绘图区域，然后使用快捷键操作，在更具专业性的同时也能大大提高工作效率。

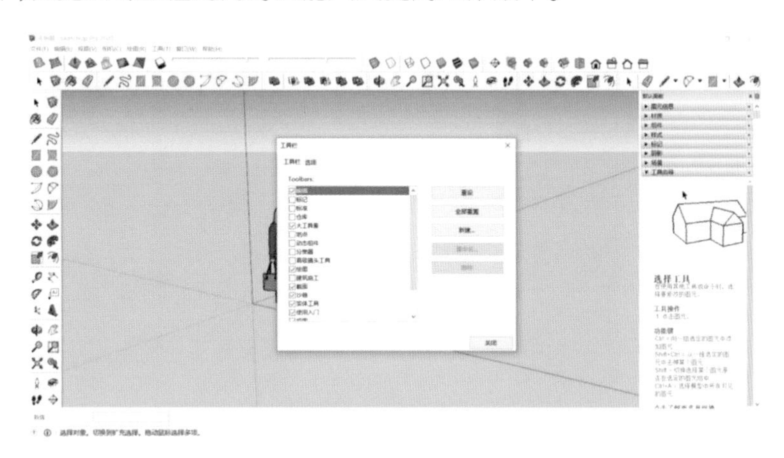

图 2-2 SketchUp 工具栏

(二)直接面向设计过程

设计师可利用 SketchUp 进行直观的构思，随着思路的不断清晰、细节的不断增加，不断地接近最终成果。这样，设计师可以极其方便地、最大限度地控制设计成果的准确性。

(三)独特的建模方式

SketchUp 可以生成简洁的多边形模型，并且与其他渲染软件有较好的兼容性，其模型可以非常方便地导入其他渲染软件中。

第二节 SketchUp 界面优化及视图切换

由于很多工程设计软件，如 3ds Max、AutoCAD、ArchiCAD、MicroStation 等，在默认情况下都以英制单位作为绘图的基本单位，因此绘图的第一步，是进行绘图环境的设置。

一、SketchUp 界面优化

与其他软件一样，SketchUp 也是使用下拉菜单和工具栏进行操作，具体的信息与步骤提示，也是通过状态栏显示出来。SketchUp 的操作界面非常简洁明快，下面对其界面进行详细介绍。

(一)界面介绍

1. 菜单栏

SketchUp 的菜单栏由【文件】、【编辑】、【视图】、【相机】、【绘图】、【工具】、【窗口】、【帮助】8 个主菜单组成(见图 2-3)。

图 2-3 SketchUp 菜单栏

2. 工具栏

SketchUp 的工具栏由横、纵两个工具栏组成(见图 2-4)。

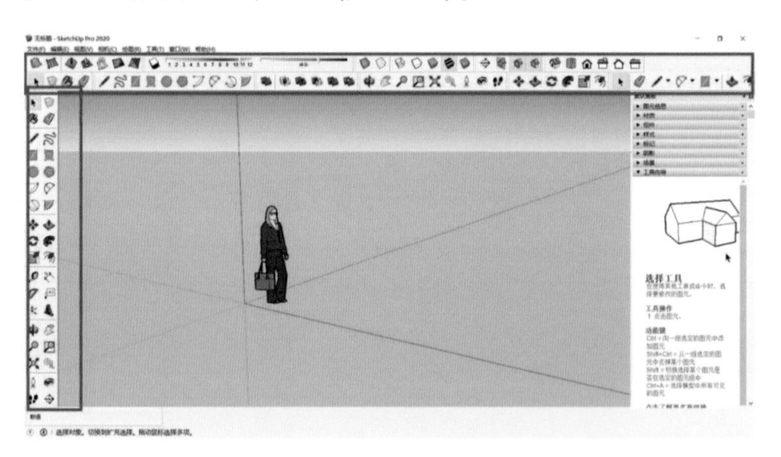

图 2-4 SketchUp 工具栏

3. 状态栏

当光标在软件操作界面上移动时,状态栏中会有相应的文字提示,这些提示可以帮助使用者更方便地操作软件(见图 2-5)。

可以根据当前的作图情况,在屏幕右下角的数值输入框输入长度、距离、角度、个数等的相关数值,让模型更加精确(见图 2-6)。

在建筑制图中常将平面图、立面图、剖面图组合起来,以表达设计的三维构思。在 3ds Max 这样的三维设计软件中,通常用 3 个平面视口加上 1 个三维视口来作图,这样做的好处是直接明了,但是会占用大量的系统内存。而 SketchUp 只用 1 个视口来作图,各视口之间的切换是非常方便的。

(二)单位设置

在单位栏中可以改变精确度。在细节和转折特别多的模型中,我们有时需要增加精确度。而在外国网

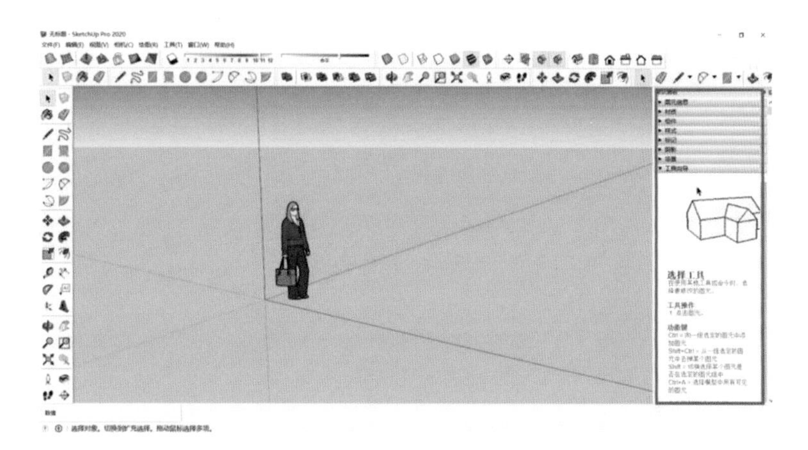

图 2-5 SketchUp 状态栏

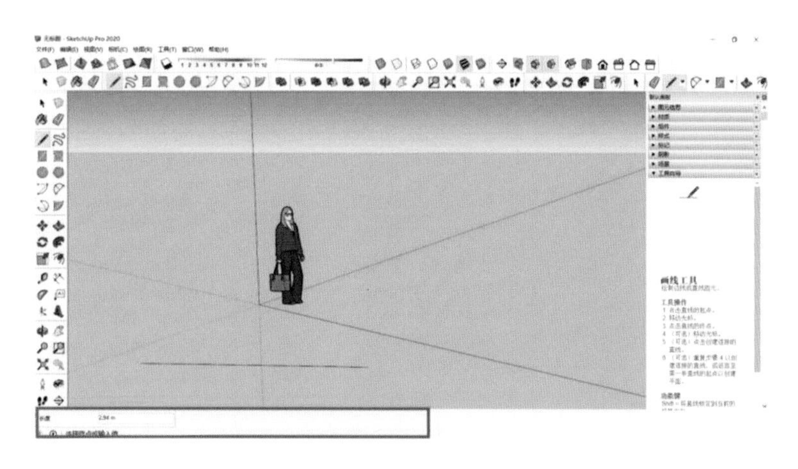

图 2-6 SketchUp 数值输入

站上下载下来的模型，其单位往往是英尺/英寸，这时我们也要进入这个界面，将英制单位改成我们熟悉的公制单位(见图 2-7)。

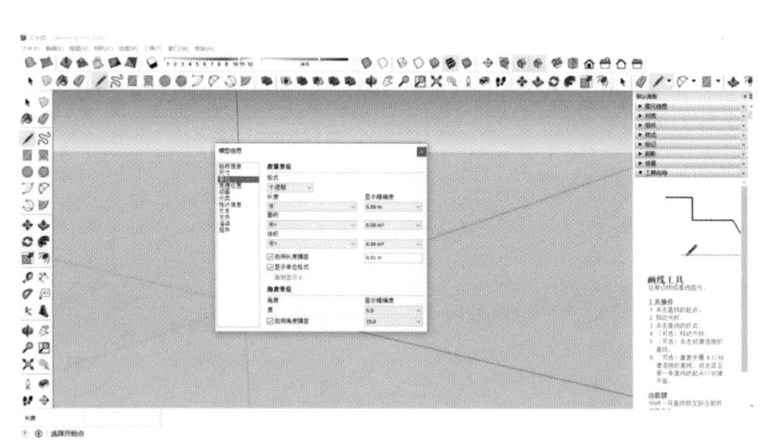

图 2-7 SketchUp 单位设置

(三)边线及正反面样式的设置

方法一，打开 SketchUp 程序，然后打开线条样式编辑器：【窗口】→【样式】→【选择】，可对边线的样式进行设置(见图 2-8)。点击【编辑】，【边线】和【轮廓线】两项必须勾选其中一项，一般情况勾选【边线】即可。如全不勾选,就是无相框模式(见图 2-9)。

方法二,点击【视图】→【边线类型】,对选项进行任意勾选(见图 2-10)。

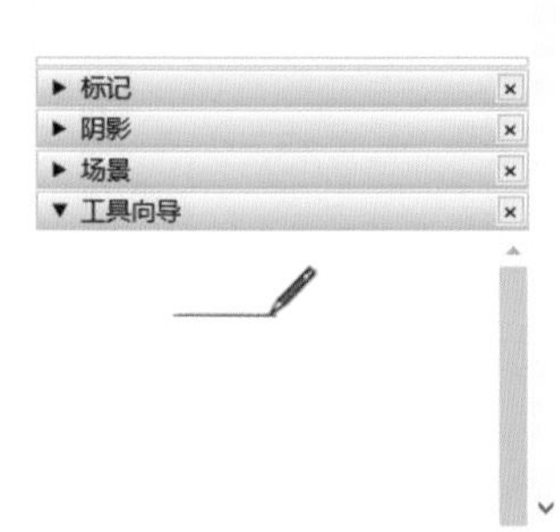

图 2-8 SketchUp 边线样式

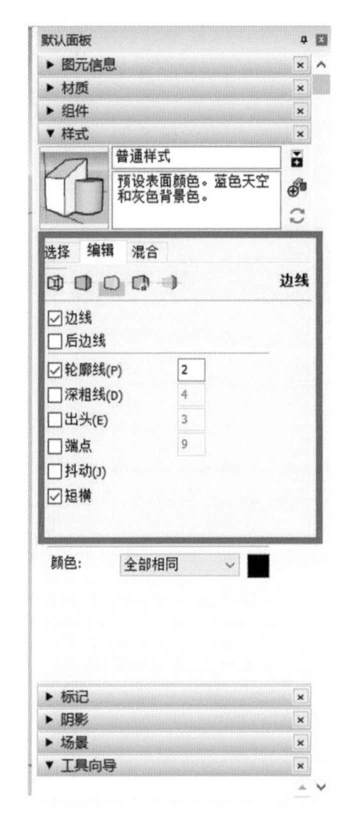

图 2-9 SketchUp 无边样式

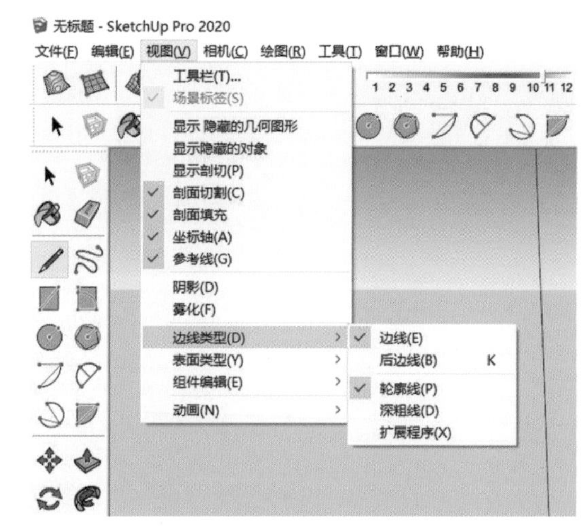

图 2-10 SketchUp 边线设置

(四)自动备份

打开 SketchUp,在菜单栏找到【窗口】选项,展开其下拉菜单,找到【系统设置】,进行自动备份的设置(见图 2-11)。

在弹出的【SketchUp 系统设置】对话框中选择【常规】,面板右侧有【创建备份】和【自动保存】选项,这两个项目可以增强我们建模的安全性;将两者进行勾选,对模型自动备份的时间间隔进行设置(见图 2-12)。

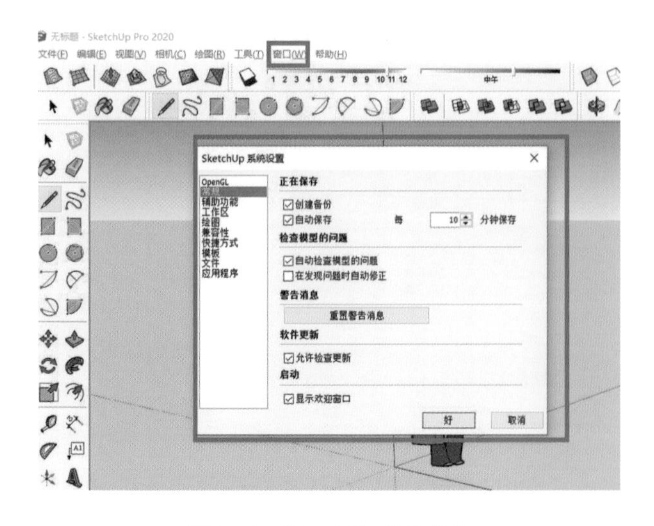

图 2-11 SketchUp 自动备份

图 2-12 SketchUp 常规设置

在【SketchUp 系统设置】对话框中再选择【文件】，面板右侧会显示模型、组件、材质等文件的保存路径，我们点开其对应的文件夹，可以进行模型文件自动备份路径的设置(见图 2-13)。

可以把 SketchUp 模型自动备份的时间间隔设置得短一些，比如设置为 10min，等熟练之后可以设置得长一些，这样就不用担心文件完全丢失了。

(五)快捷键

打开 SketchUp 软件，开始自定义快捷键的设置，点击菜单栏中的【窗口】，在下拉菜单中选择【系统设置】(见图 2-14)。

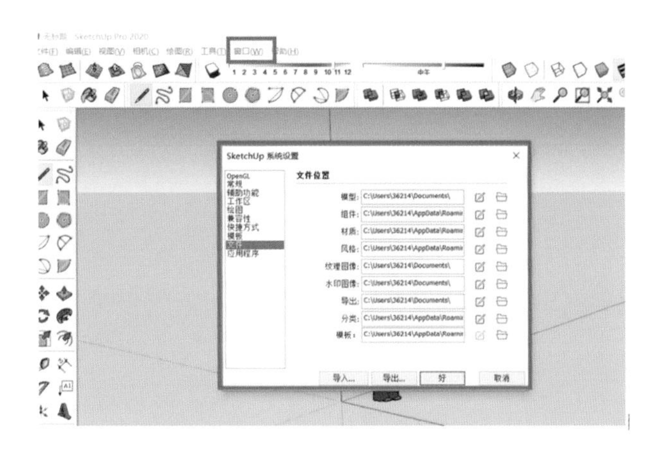

图 2-13　SketchUp 文件保存

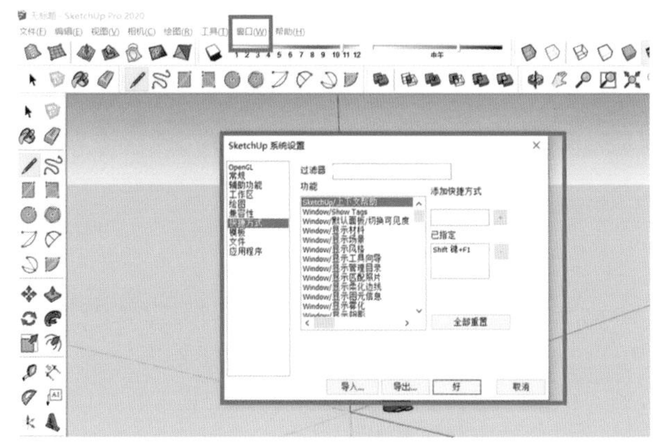

图 2-14　SketchUp 快捷键

在弹出的【SketchUp 系统设置】对话框中选择【快捷方式】，就可以对 SketchUp 软件里的快捷键进行自定义设置了。

选择想要自定义快捷键的命令，输入想要设置的快捷键，就完成了这个命令的自定义快捷键的设置(见图 2-15)。

设置完成后，点击【好】，快捷键即可生效。后期如果需要重置 SketchUp 中已经设置好的自定义快捷键，可以点击这个界面的【全部重置】按钮(见图 2-16)。

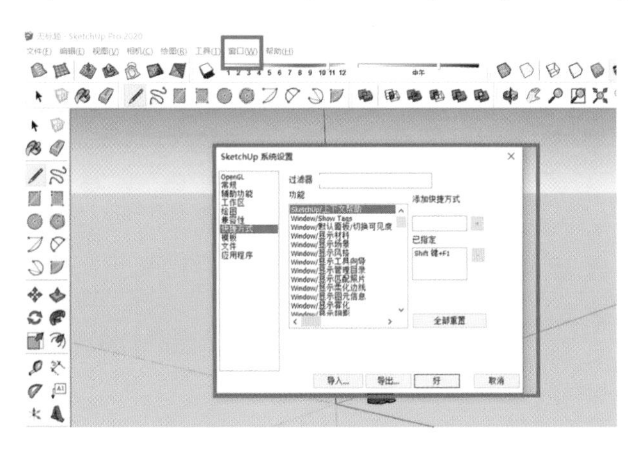

图 2-15　SketchUp 快捷键自定义

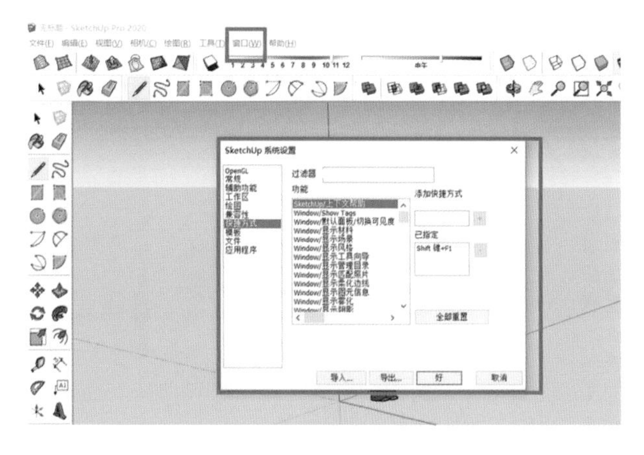

图 2-16　SketchUp 快捷键重置

(六)模板的保存与调用

下面我们来演示 SketchUp 将模型保存为模板的方法。在【文件】下拉菜单中，单击【另存为模板】，在弹出的对话框中设置模板名称及保存路径，点击【保存】(见图 2-17 和图 2-18)。

图 2-17　单击【另存为模板】

图 2-18　【另存为模板】对话框

单击【窗口】按钮，在下拉菜单中选择【系统设置】，会弹出【SketchUp 系统设置】对话框，单击【模板】(见图 2-19)，可以看见我们刚刚创建的模板效果。

二、视图切换

平面视图和三维视图的作用各不相同，各种平面视图的作用也不一致。设计师在三维作图时经常要进行视图间的切换。【视图】工具栏中有 6 个按钮，从左到右依次是【等轴】、【俯视图】、【前视图】、【右视图】、【后视图】和【左视图】。在作图的过程中，只要单击【视图】工具栏中相应的按钮，SketchUp 将自动切换到对应的视图(见图 2-20)。

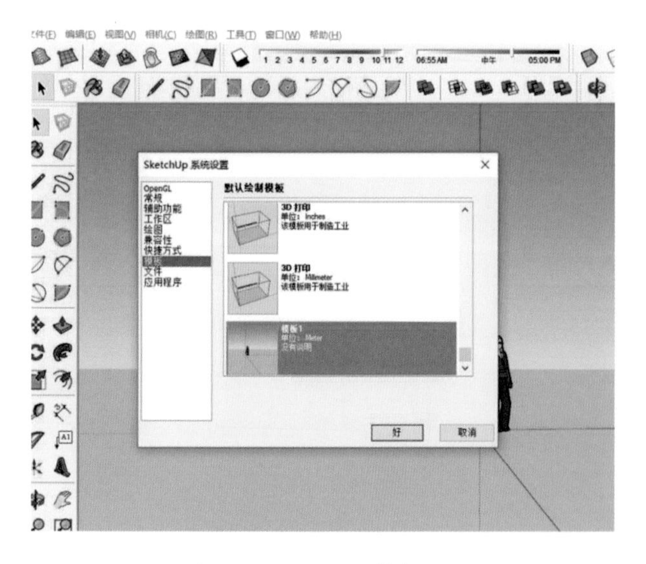

图 2-19　SketchUp 模板调用

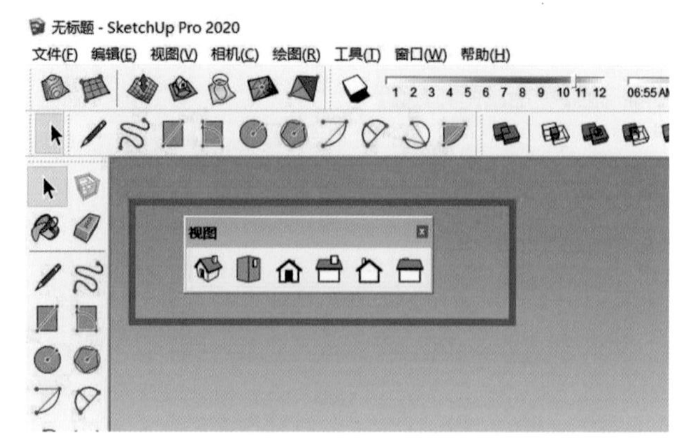

图 2-20　SketchUp 视图

在建立三维模型时，俯视图(平面视图)通常用于模型的定位与轮廓制作，而各个立面图多用于创建对应立面的细节，等轴图则用于整体模型的特征与比例的观察与调整。了解视图前先要了解 SketchUp 的坐标系，红色线为 X 轴，绿色线为 Y 轴，蓝色线为 Z 轴。我们可以在任意两条轴形成的平面上创建平面，也可以分别切换到俯视图、前视图、右视图、后视图或左视图来进行创建。

(一)等轴图

选择 SketchUp 的平行投影显示模式,然后点击【视图】工具栏中的【等轴】,得到的是等轴视图(见图 2-21)。要调整正侧轴角度,可以尝试下面这个方法:在模型旁边随意建个模型体块,然后旋转两次,沿蓝轴 45°,沿侧面黑轴 X°。

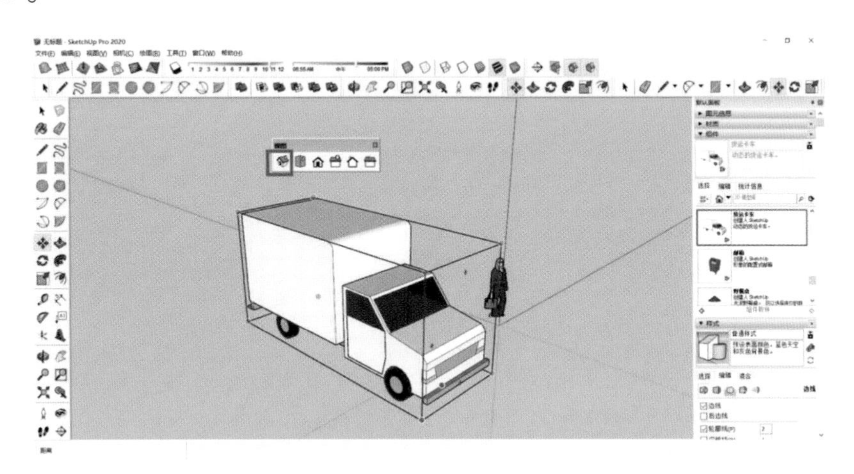

图 2-21 SketchUp 等轴视图

(二)俯视图

俯视图就是在平行投影模式下的俯视,主要应用于平面图中(见图 2-22)。

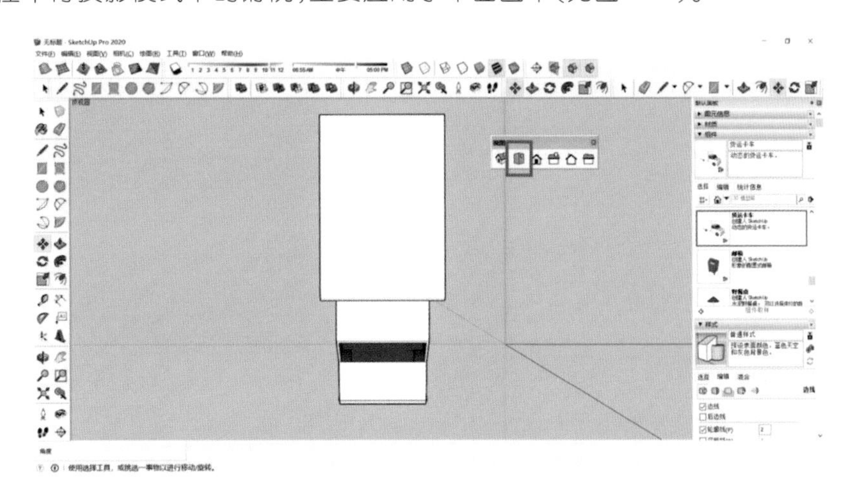

图 2-22 SketchUp 俯视图

(三)前视图

单击菜单栏中的【视图】→【工具栏】,在下拉菜单中选择【视图】,会打开一个工具栏,点击工具栏里的【前视图】,如图 2-23 所示。

(四)右视图

单击菜单栏中的【视图】→【工具栏】,在下拉菜单中选择【视图】,会打开一个工具栏,点击工具栏里的【右视图】,如图 2-24 所示。

(五)后视图

单击菜单栏中的【视图】→【工具栏】,在下拉菜单中选择视图,会打开一个工具栏,点击工具栏里的【后视图】,如图 2-25 所示。

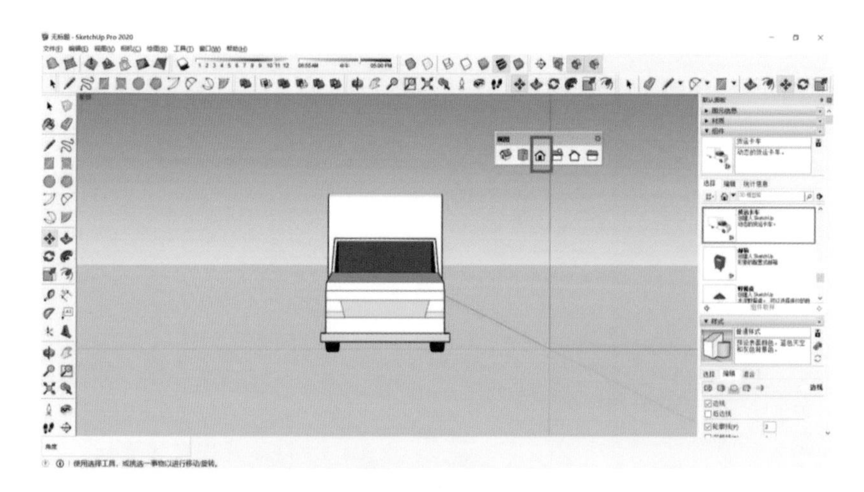

图 2-23　SketchUp 前视图

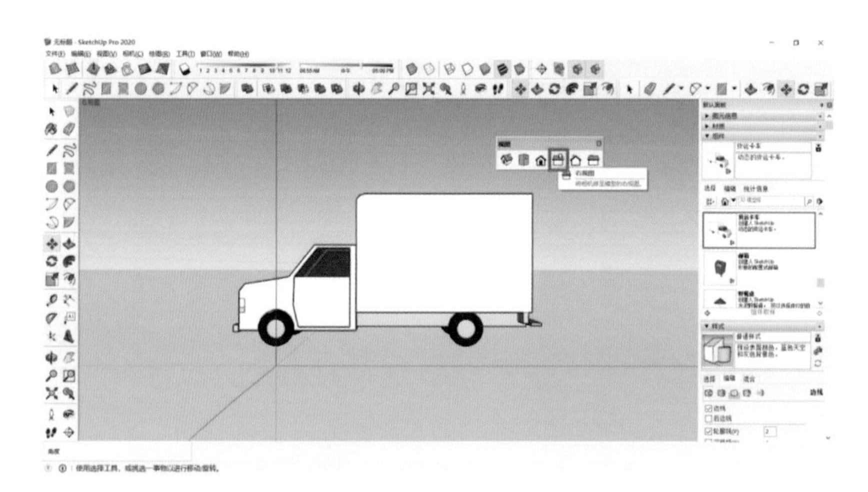

图 2-24　SketchUp 右视图

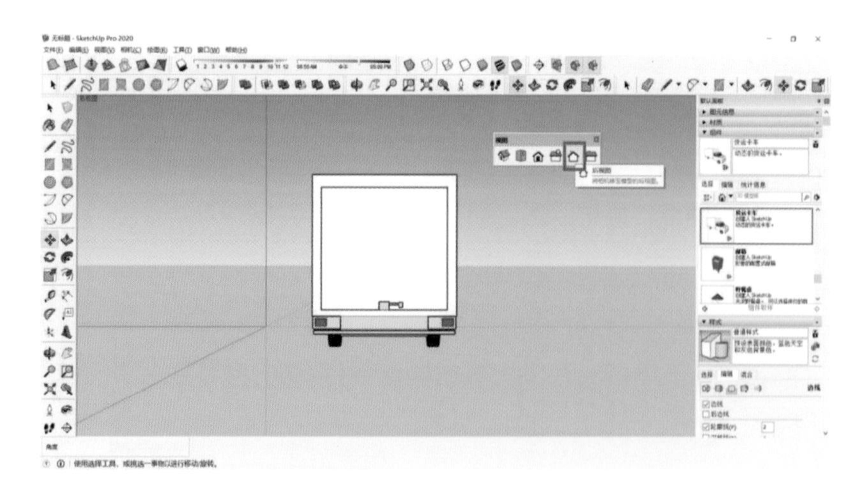

图 2-25　SketchUp 后视图

(六)左视图

单击菜单栏中的【视图】→【工具栏】,在下拉菜单中选择【视图】,会打开一个工具栏,点击工具栏里的【左视图】,如图 2-26 所示。

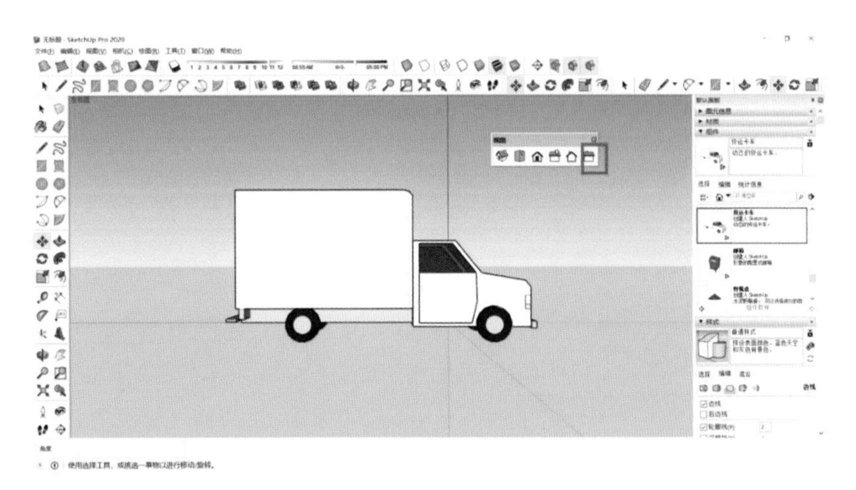

图 2-26 SketchUp 左视图

第三节
对象的选择与删除

选择与删除工具是在 SketchUp 中建立比较复杂的模型时最常用的两大工具，熟练掌握这两个工具可以极大地提高建模速度。下面详细介绍这两个工具的使用方法。

一、对象的选择

(一)点选

单击选择单个模型元素(按 Ctrl 可加选;按 Ctrl+Shift 可减选;按 Ctrl+A 可全选;取消选择,点击旁边任意空白位置或按 Ctrl+T)(见图 2-27)。

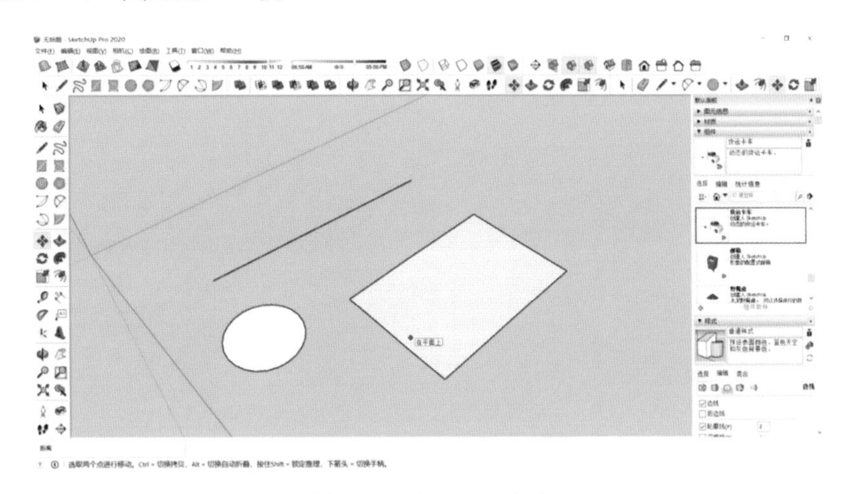

图 2-27 SketchUp 点选

(二)双击

双击面,可将此面及与其直接相连的边线选中;双击边线,可将此边线及与其直接相连的面选中(见图 2-28)。

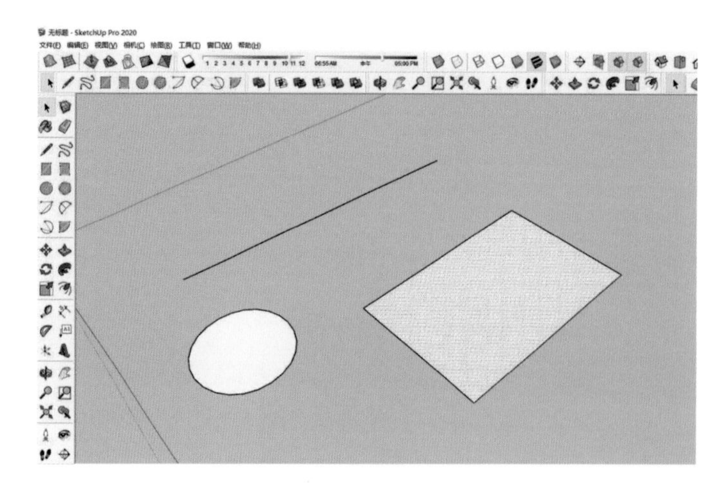

图 2-28　SketchUp 双击

(三)三击

三击面或边线,可将与此面或边线相连的所有模型元素选中。

(四)框选

用【选择】工具,从左往右拉出实线框,全部框住才能被选中。

(五)叉选

用【选择】工具,从右往左拉出虚线框,只要与选框接触就会被选中。取消选择:单击空白处或按 Ctrl+T。

二、对象的删除

(一)点选删除

点选删除,只能删除边线,边线删除后,由其连接而成的面也就不存在了。擦除工具只能在边线上进行点击,在面上点击是没有作用的(见图 2-29)。

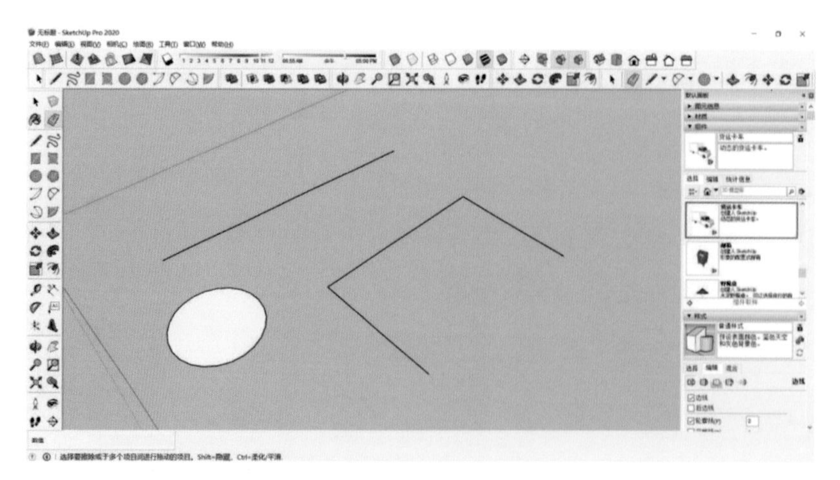

图 2-29　删除

(二)拖动删除

当删除内容较多时,也可以选择拖动删除,但拖动过快可能漏选,在放开鼠标之前按 Esc 键可取消本次删除操作。

（三）隐藏

当 SketchUp 软件将模型隐藏后，可在【编辑】菜单里选择直接【还原隐藏】，也可以在【编辑】菜单里选择【取消隐藏】。【最后】指的是还原上一次隐藏操作的对象，如果连续单独隐藏了多个对象，则会一起还原，【全部】则是还原全部隐藏的对象。

（四）柔化

在 SketchUp 中，可以对模型的边线进行柔化和平滑处理，从而使有折面的模型看起来显得圆润光滑。边线柔化以后，在拉伸的侧面上就会自动隐藏。柔化的边线也可以进行平滑，从而使相邻的表面在渲染中能均匀地渐变。柔化是指将多个面变为一个面，按住 Ctrl＋Shift 键可取消柔化。

第四节 SketchUp 的显示风格及样式设置

一、SketchUp 的七种显示风格

风格就是各种不一样的显示模式。有些风格是为了让模型更加美观，方便我们用 SketchUp 直接导出图像；另外，风格也能让我们的建模过程更加便捷。下面介绍一下 SketchUp 的七种显示风格。

（一）单色显示

点击【视图】→【表面类型】→【单色显示】，在单色显示中只有两种颜色——正面的颜色和反面的颜色，可以用来检查模型的正反面（反面朝外的话渲染会出错）。在这个模式下，模型有没有反面朝外一目了然（见图 2-30）。

（二）贴图显示

点击【视图】→【表面类型】→【贴图】，材质贴图这个样式也是 SketchUp 默认使用的显示模式，一般来说显示的内容最全面（见图 2-31）。

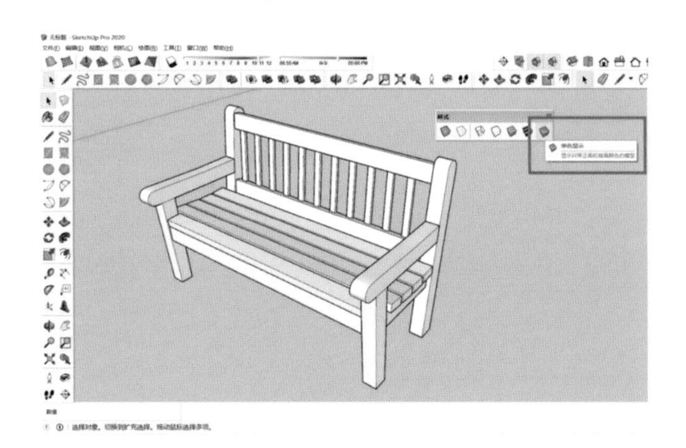

图 2-30　单色显示

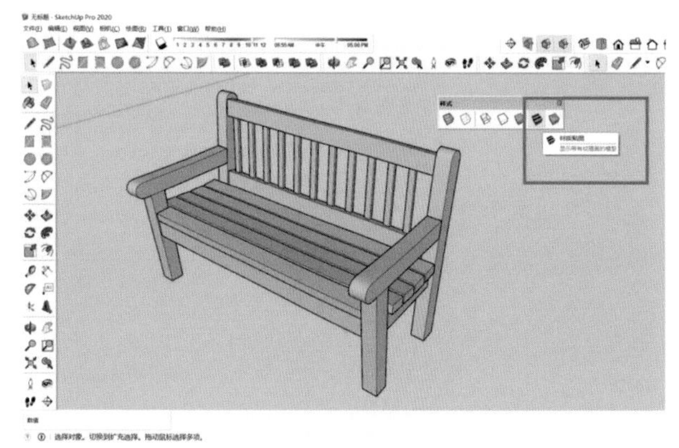

图 2-31　贴图显示

(三)阴影显示

点击【视图】→【表面类型】→【阴影】，阴影显示模式显示不了具体材质，只能显示和材质颜色相近的纯色。因为忽略了材质的细节，所以此模式适合从整体观察模型。(见图 2-32)

(四)线框显示

点击【视图】→【表面类型】→【线框显示】，可以通过线框显示出物体的内部效果(见图 2-33)。

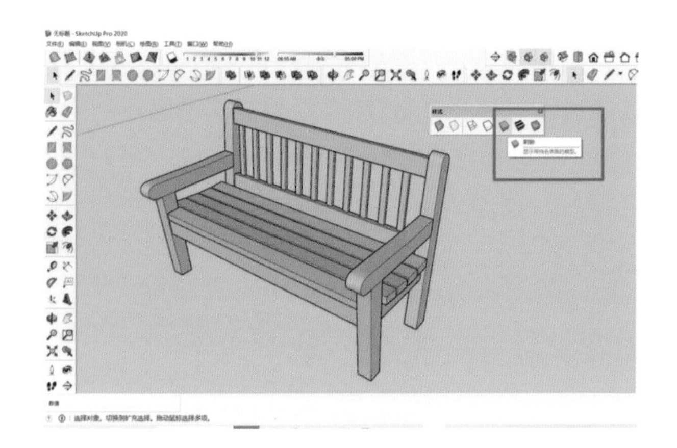

图 2-32　阴影显示

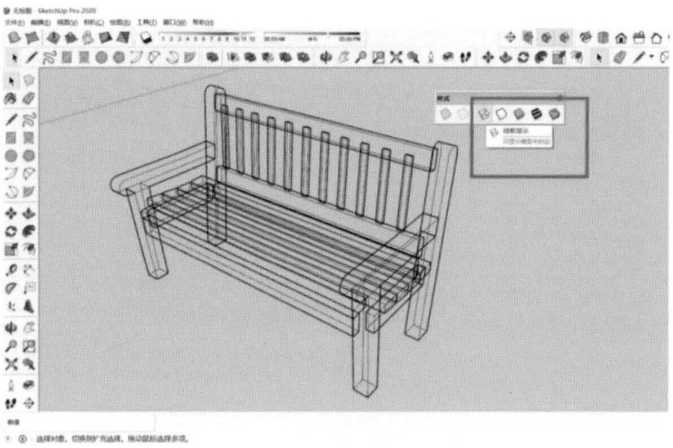

图 2-33　线框显示

(五)消隐显示

点击【视图】→【表面类型】→【消隐】，消隐模式最大的特点就是所有的面颜色都一样(见图 2-34)。

(六)后边线显示

点击【视图】→【表面类型】→【后边线】，原本被遮住的边线会以虚线显示(见图 2-35)。

图 2-34　消隐显示

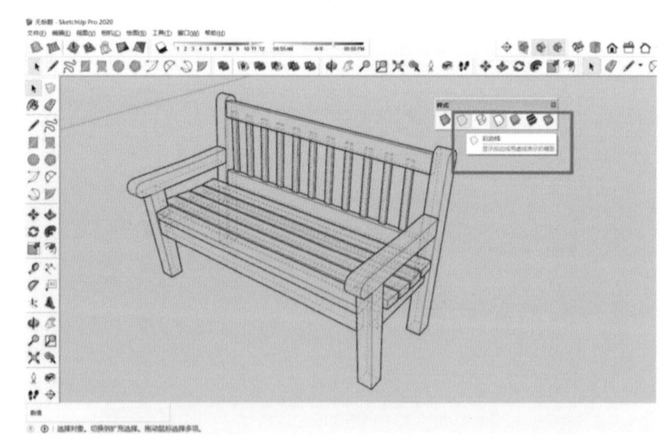

图 2-35　后边线显示

(七)X 光透视模式

点击【视图】→【表面类型】→【X 光透视模式】，这个模式最大的特点就是透明，可以让我们看见模型背面以及模型细节(见图 2-36)。

二、样式设置

要进行样式设置，可以点击【窗口】→【默认面板】→【样式】，在弹出的【样式】对话框中进行设置(见图 2-37)。

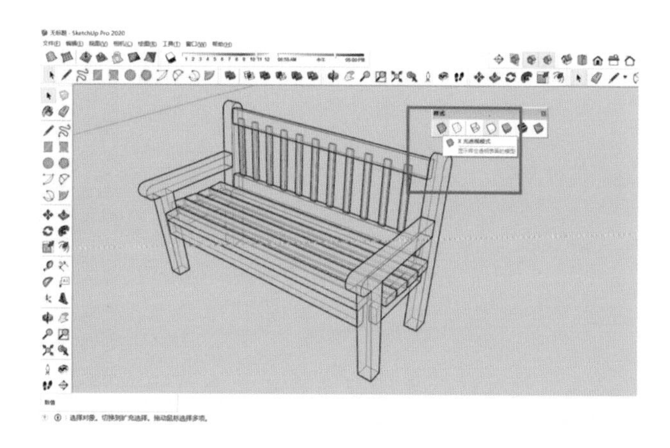

图 2-36　X 光透视模式

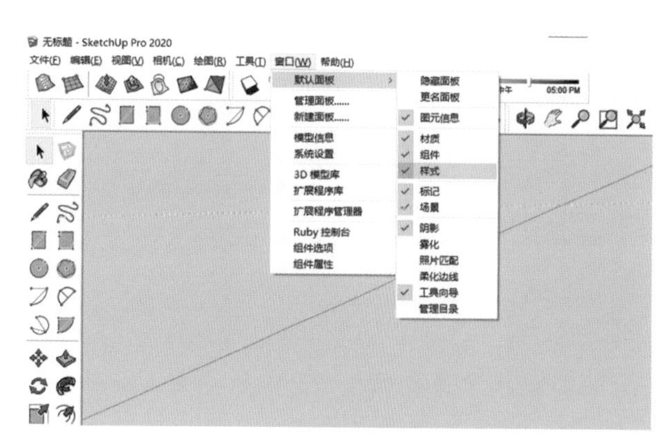

图 2-37　样式

(一)边线设置

点击【窗口】→【默认面板】→【样式】,再点击【编辑】面板的第一个按钮——边线设置,可对模型的边线进行设置。

(二)正反面设置

点击【窗口】→【默认面板】→【样式】,再点击【编辑】面板的第二个按钮——平面设置。SketchUp 中的模型有正反面,可以显示双面材质,也就是说,模型的正面、反面可以分别赋予不一样的材质或颜色等(见图 2-38)。

(三)天空与地面设置

点击【窗口】→【默认面板】→【样式】,再点击【编辑】面板的第三个按钮——背景设置。这里可以设置当前背景、天空、地面的颜色。(见图 2-39)

(四)水印设置

水印就是模型的防伪标签。打开 SketchUp 模型场景,在【编辑】面板点击【水印设置】这个按钮,点击加号,找到做好的水印图片,再给 SketchUp 模型场景添加水印图片即可(见图 2-40)。

图 2-38　正反面设置

图 2-39　天空与地面设置

图 2-40　水印设置

思考题 ……

1. SketchUp 的主要特点有哪些？
2. 如何在 SketchUp 中设置单位？
3. 如何在 SketchUp 中设置边线及正反面样式？
4. 如何在 SketchUp 中切换视图？

融入思政内容 ……

高技能人才是我国人才队伍的重要组成部分，在推动技术创新和科技成果转化等方面具有不可替代的重要作用。设计行业需要具备熟练的电脑操作能力、动手能力强、技能水平高的人才，也是实际工作中急需的高技能人才。

Sanwei Ruanjian Yingyong

第三章

SketchUp绘图工具+KeyShot 9渲染表现

本章概述

本章由SketchUp绘图工具的操作、KeyShot 9家具绘制与表现两部分组成。第一节主要是对SketchUp的直线工具、矩形工具、圆工具、圆弧工具、多边形工具、手绘线工具进行介绍。第二节通过家具单体案例的制作，使学生对SketchUp的绘图工具及KeyShot 9的基本功能有所了解与掌握。

学习目标

使学生了解SketchUp的绘图命令有哪些；同时，掌握直线工具、矩形工具、圆工具、圆弧工具、多边形工具、手绘线工具的用法及KeyShot 9的渲染表现技巧，为下一阶段的学习奠定绘图基础。

第一节
SketchUp 绘图工具的操作

SketchUp绘图工具主要包括直线工具、矩形工具、圆工具、圆弧工具、多边形工具、手绘线工具。SketchUp绘图工具的主要优点是方便快捷，使用者在很短时间内就能掌握，特别适合室内外空间设计的建模，缺点是建模工具较少，不像3ds Max 、Rhino等软件有着强大的建模工具，可以进行各种复杂形体或曲面的建模。

一、直线工具

在SketchUp的工具栏中单击【直线】工具按钮或按快捷键【L】，即可启动直线命令。用鼠标左键在绘图区单击，便确定了直线的起点，可以按照需求进行图形的绘制。按下空格键，便会结束直线命令。

直线工具可以用来绘制直线段、多段直线与封闭图形，也可以用来进行平面的分割与修补。

直线工具可以捕捉到某条线段的中点、端点以及与辅助线的交点，也可以捕捉到某条线（绘制区会显示在边线上）、某个面（绘制区会显示在表面上）。

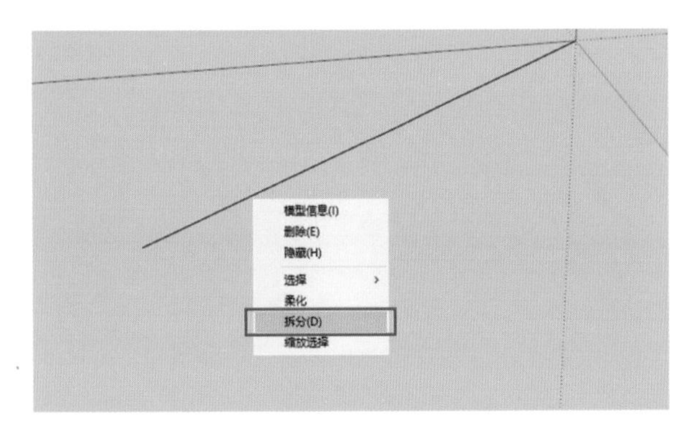

图3-1　选择拆分

直线工具在红轴上（所绘线段与红轴平行）时，线段呈红色；在绿轴上（所绘线段与绿轴平行）时，线段呈绿色；在蓝轴上（所绘线段与蓝轴平行）时，线段呈蓝色；平行于边线（所绘线段与已知线段平行）时，线段呈粉紫色；垂直于边线（所绘线段与已知线段垂直）时，线段呈粉紫色；在起始点（表示鼠标所在位置与指定点的某个坐标一致）时，线段呈虚线。

等分线段。选中线段，点击鼠标右键，选择【拆分】（见图3-1），然后通过移动鼠标或输入数值来控制分段数(见图 3-2)。将该线段分成若干条线段后,就可以捕捉每条线段的端点和中点了,这个方法多用于图形边线的等分。

在工作界面状态栏右下角的【长度】一栏输入相应的数值,便可进行直线的精确绘制(见图 3-3)。

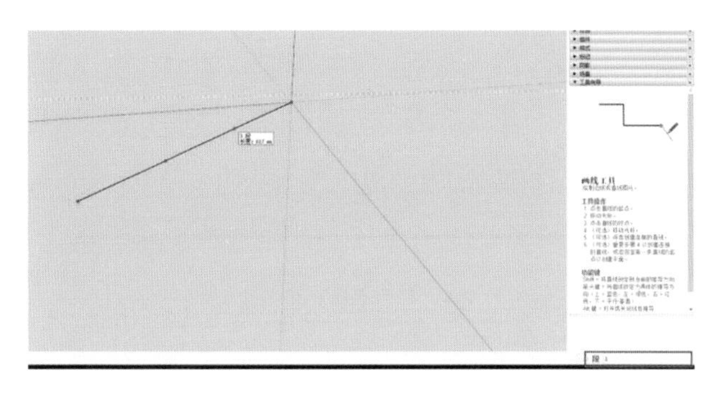

图 3-2　输入数值来控制分段数

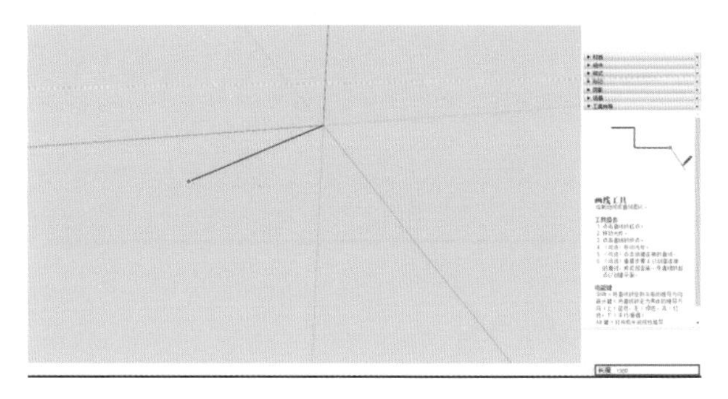

图 3-3　精确绘制直线

二、矩形工具

单击【矩形】工具按钮▨或按快捷键【R】,即可启动矩形命令。矩形工具通过指定矩形的对角点来绘制矩形平面。

矩形工具可以用来绘制正方形(见图 3-4),也可以用来绘制黄金分割(1∶1.618)的矩形(见图 3-5)。

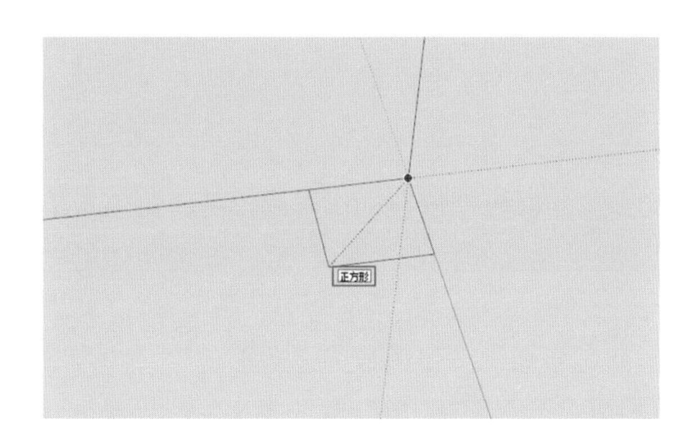

图 3-4　绘制正方形

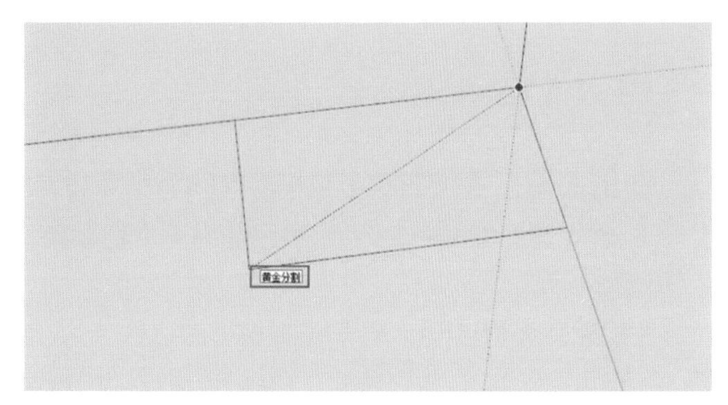

图 3-5　绘制黄金分割矩形

在工作界面状态栏右下角的【尺寸】一栏输入矩形的长宽值,便可进行矩形的精确绘制(见图 3-6)。

三、圆工具

单击【圆】工具按钮●或按快捷键【C】,即可启动圆命令。

在使用圆工具绘制圆形的过程中,可以设置圆的边数,边数越多,圆形越平滑。圆边数的设置形式为"×s",例如 8s 表示 8 条边。激活圆工具后,数值框中的数字就代表这个圆形的"边数",默认是 24(见图 3-7),可以修改。例如我们输入 80s,就会绘制出 80 边的圆(见图 3-8),注意数字后面要加"s"。

在工作界面状态栏右下角的【半径】一栏输入半径值,便可进行圆的精确绘制(见图 3-9)。

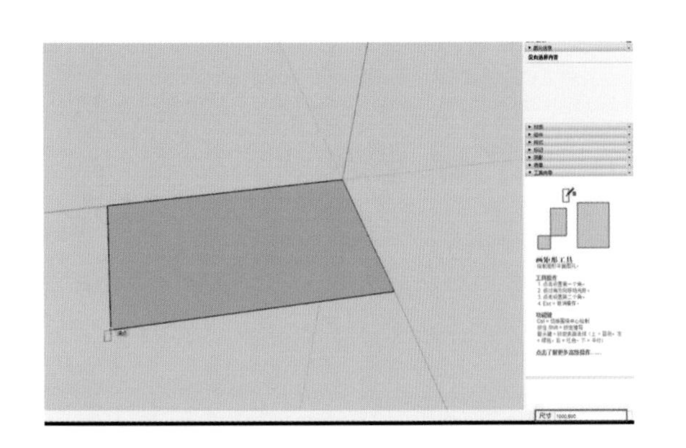

图 3-6　精确绘制矩形

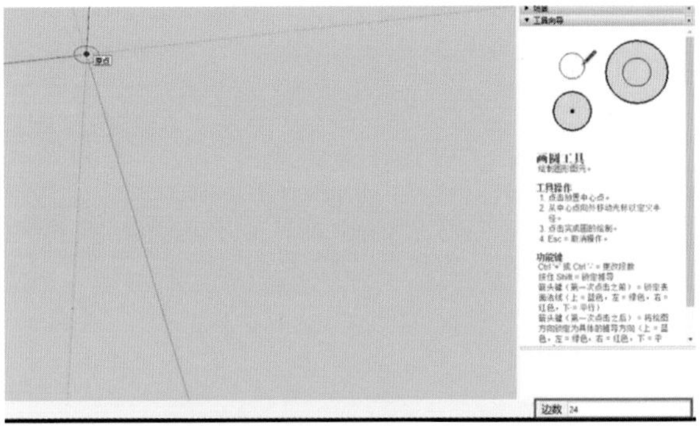

图 3-7　圆默认边数是 24

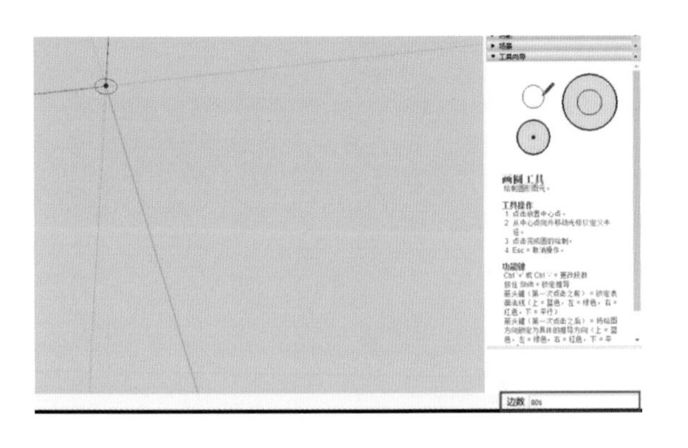

图 3-8　80 边圆的绘制

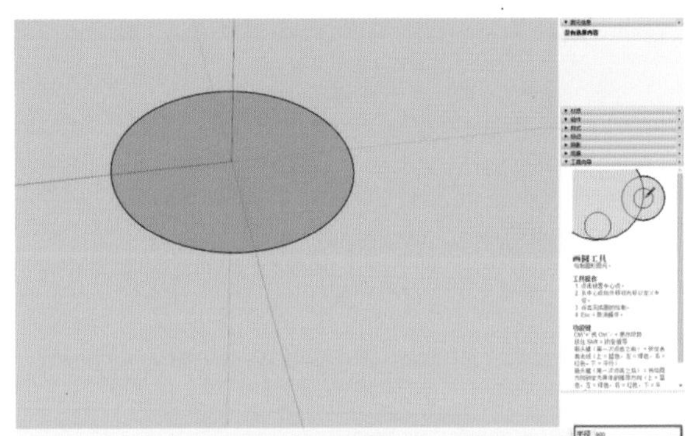

图 3-9　精确绘制圆形

四、圆弧工具

单击【圆弧】工具按钮或按快捷键【A】，即可启动圆弧命令。用鼠标左键在工作界面中的任意位置单击一下，确定圆弧的第一个端点，然后在另一个位置单击一下，确定圆弧的第二个端点，最后确定圆弧的中点(见图 3-10)。

在绘制圆弧的过程中，可以设置圆弧的边数，边数越多，圆弧越平滑。圆弧边数的设置形式为“×s”，例如 32s 表示 32 条边。激活圆弧工具后，数值框中的数字就代表这个圆弧的“边数”，默认是 12(见图 3-11)，可以修改。例如我们输入 80s，就会绘制出 80 边的圆弧，注意数字后面要加“s”。

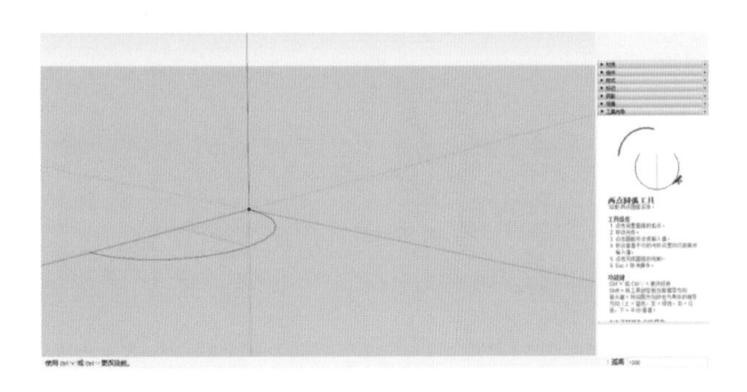

图 3-10　圆弧的绘制

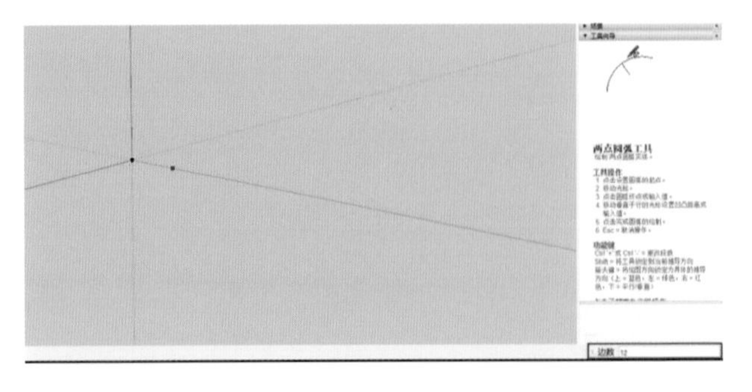

图 3-11　圆弧默认边数是 12

可以用圆弧工具绘制半圆。激活圆弧工具，拖动鼠标来调整圆弧的弧高，圆弧会捕捉到半圆的参考点，方框内会显示“半圆”字样，说明此时绘制的是半圆形(见图 3-12)。

也可以用圆弧工具画相切的弧线，在绘制第二条弧线的过程中，出现青色高亮显示的弧线表示两圆弧相切(见图 3-13)。

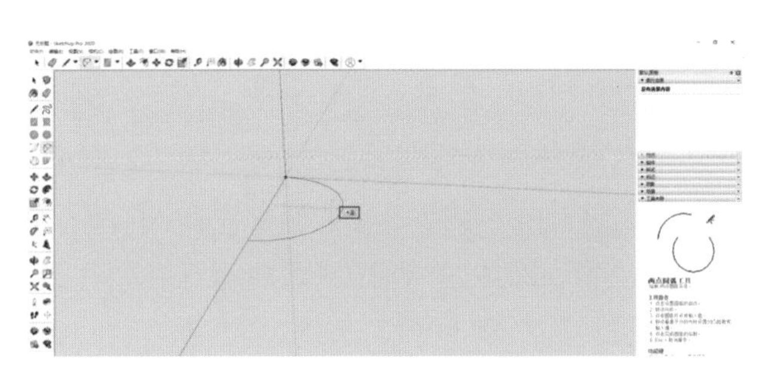

图 3-12　用圆弧工具绘制半圆形

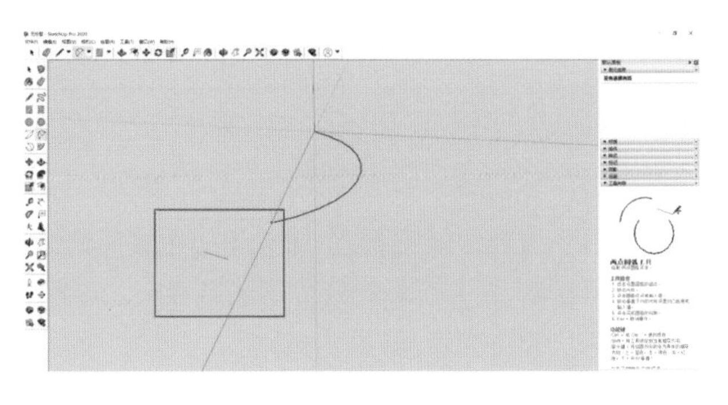

图 3-13　两圆弧相切时弧线显示青色

在数值框中输入圆弧长度，然后在数值框中输入弧高，便可进行圆弧的精确绘制。例如，我们可精确绘制长度 2400 mm(见图 3-14)、弧高 900 mm(见图 3-15)的圆弧。

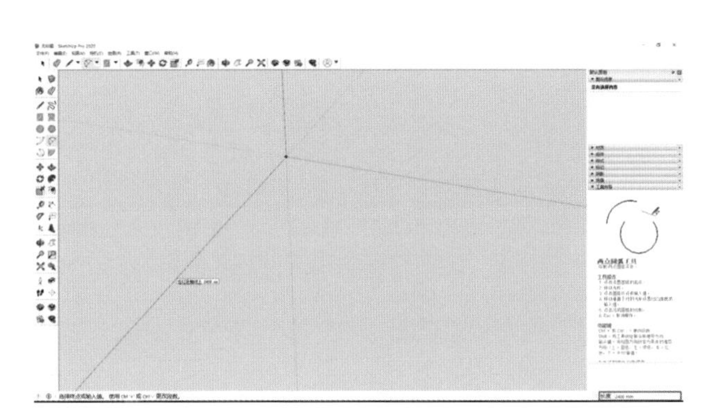

图 3-14　圆弧长度 2400

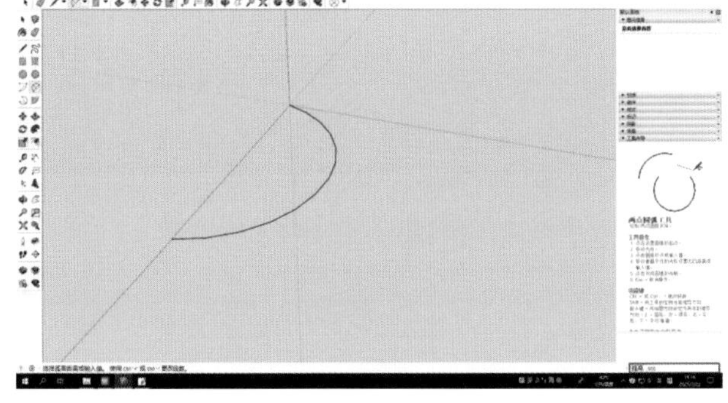

图 3-15　圆弧弧高 900

五、多边形工具

单击【多边形】工具按钮，即可启动多边形命令。多边形工具可以绘制边数为 3～100 的任意正多边形。

在使用多边形工具绘制图形的过程中，可以精确地设置多边形的边数与半径。当激活多边形工具后，数值框中显示的是边数，直接输入数值，便确定了多边形的边数，例如“8s”表示的是八边形(见图 3-16)。

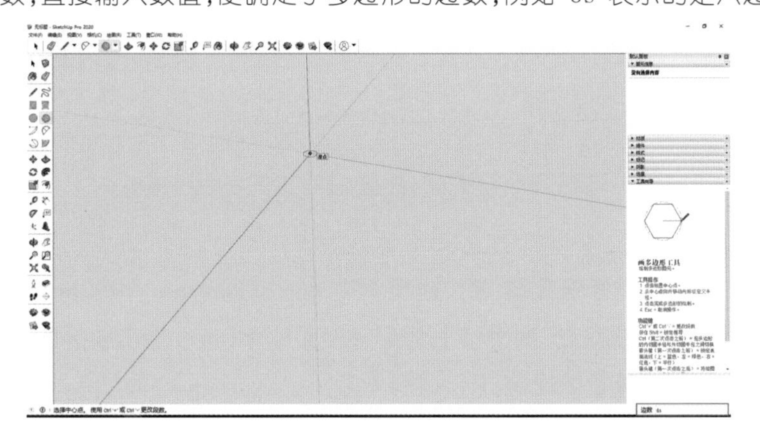

图 3-16　八边形的设置

设置好的边数会保留至下一次绘制，如果下一次想改变多边形的边数，还需要重新进行设置。确定多边形的边数和中心后，数值框中显示的是半径，直接输入数值，便确定了多边形的半径，例如我们输入“500”表示八边形的半径是 500 mm(见图 3-17)。

六、手绘线工具

单击手绘线工具按钮，即可启动手绘线命令。激活手绘线工具后，在起点处按住鼠标左键，然后拖动鼠标进行绘制，松开鼠标左键即可结束绘制。手绘线工具可以绘制不规则的曲线，如果起点与终点重合，则可形成一个闭合的面(见图 3-18)。

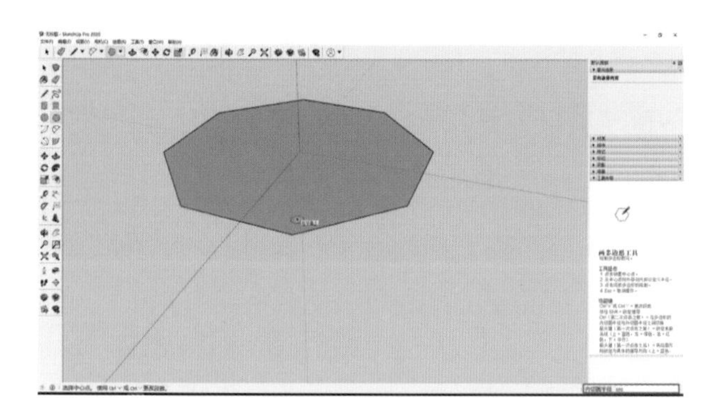

图 3-17　绘制半径是 500 的八边形

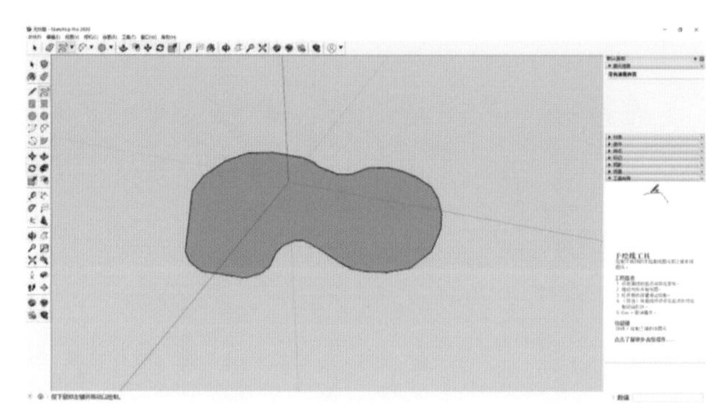

图 3-18　手绘线工具绘制的闭合曲面

第二节 KeyShot 9 家具绘制与表现

本部分主要通过家具建模案例的讲解来培养学习者的三维建模能力，通过家具效果图的表现让学习者学会用 KeyShot 9 来给模型快速赋予材质并渲染一张高质量的单体效果图。

一、家具建模

(一)板凳建模

1. 操作思路

绘制板凳模型，首先用绘图工具绘制板凳的面，然后绘制板凳的四条腿。

2. 操作步骤

(1)单击【矩形】工具按钮或按快捷键【R】，绘制 1 个尺寸为 280 mm×280 mm 的矩形(见图 3-19)。

(2)单击【推/拉】工具按钮或按快捷键【P】，将矩形推拉成 20 mm 厚的板凳面(见图 3-20)。

(3)单击【矩形】工具按钮或按快捷键【R】，绘制 1 个尺寸为 35 mm×35 mm 的矩形(见图 3-21)。

(4)单击【推/拉】工具按钮或按快捷键【P】，将矩形推拉成 260 mm 长的板凳腿(见图 3-22)。用同样的方法，把板凳的其他 3 条腿绘制完成（见图 3-23）。

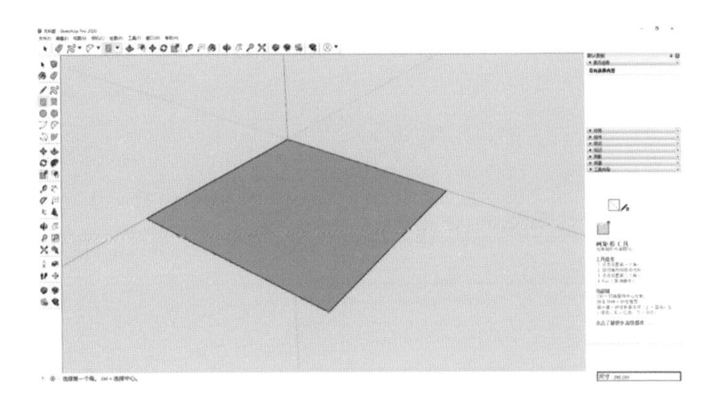

图 3-19　绘制 280 mm×280 mm 的矩形

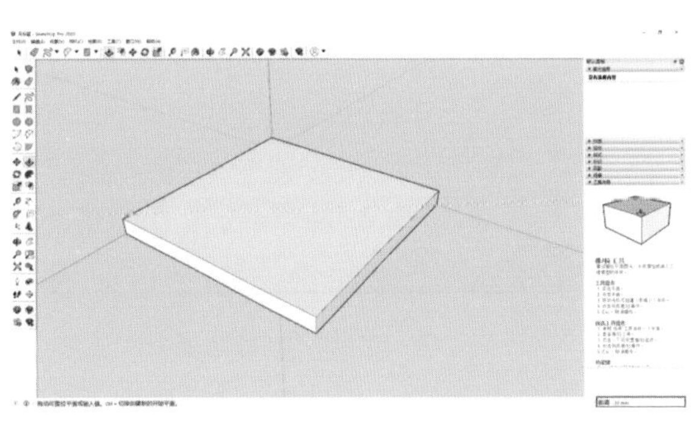

图 3-20　绘制 20 mm 厚的板凳面

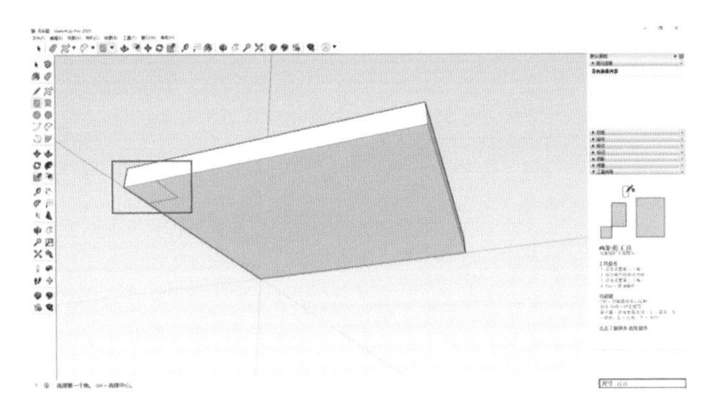

图 3-21　绘制 35 mm×35 mm 的矩形

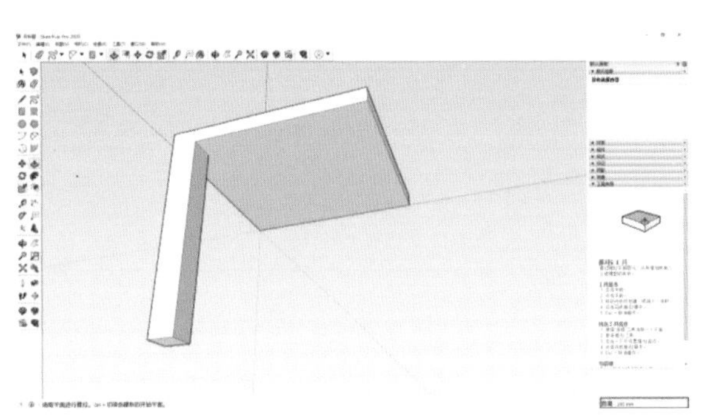

图 3-22　绘制板凳的一条腿

（二）景观长椅建模

1. 操作思路

绘制景观长椅模型，首先用绘图工具绘制长椅的侧面，然后绘制长椅的椅面。

2. 操作步骤

（1）单击【矩形】工具按钮或按快捷键【R】，绘制 1 个尺寸为 504 mm×50 mm 的矩形（见图 3-24）。再单击【卷尺工具】按钮或按快捷键【T】，绘制两条距离矩形边线 20 mm 的辅助线（见图 3-25）。

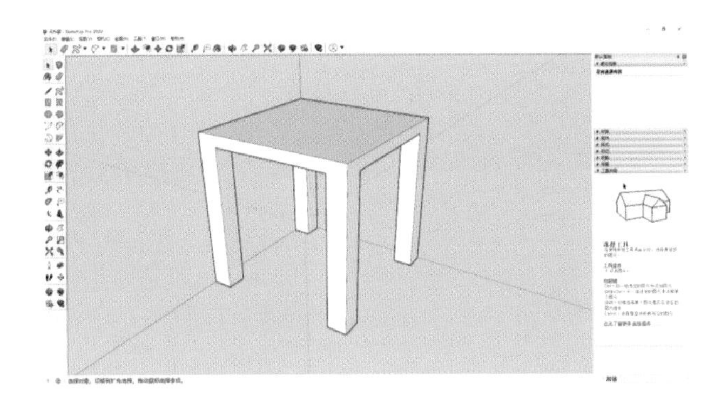

图 3-23　板凳建模完成

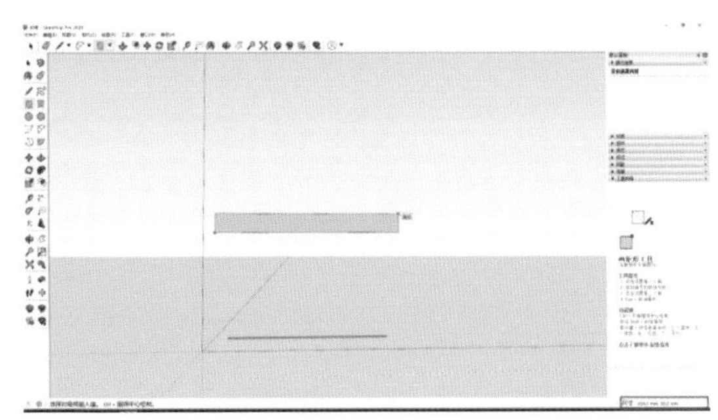

图 3-24　绘制 504 mm×50 mm 的矩形

（2）单击【圆弧】工具按钮或按快捷键【A】，绘制一条弧线（见图 3-26），用同样的方法把其他 3 条弧线绘制完成（见图 3-27）。

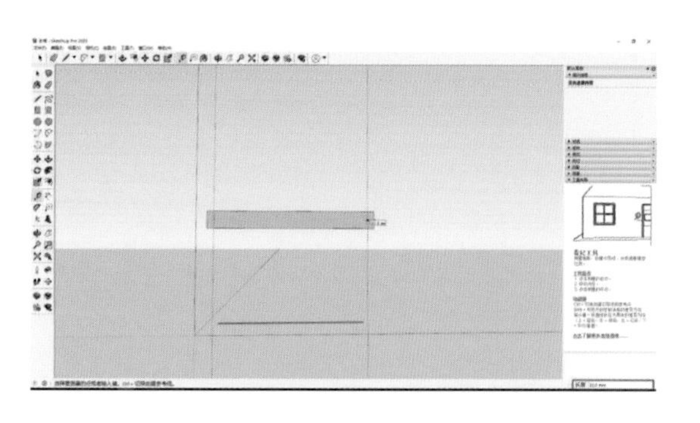

图 3-25　绘制辅助线 1

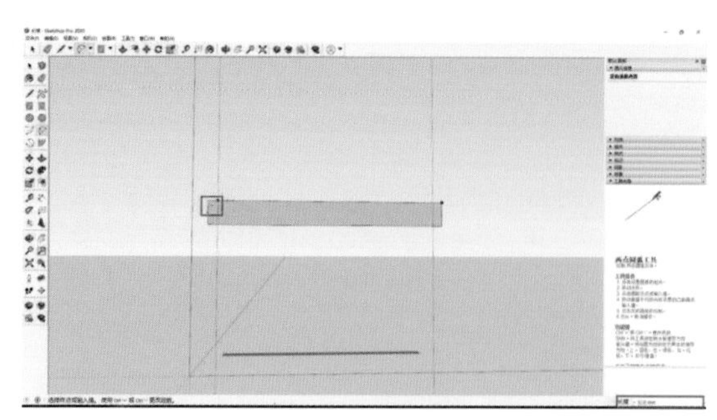

图 3-26　绘制弧线

(3)选中多余的角,用【Delete】键删除(见图 3-28)。

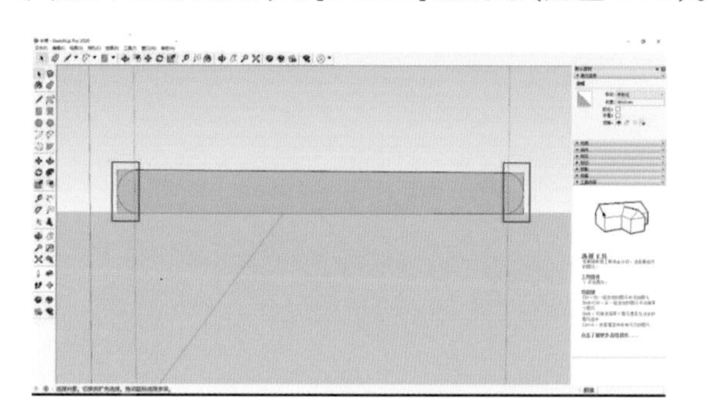

图 3-27　绘制 4 条弧线

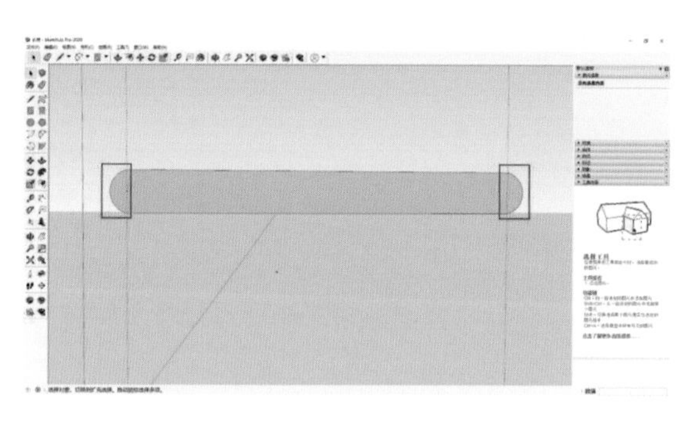

图 3-28　删除多余的角

(4)单击【推/拉】工具按钮或按快捷键【P】,推拉出 50 mm 的厚度(见图 3-29)。

(5)单击【卷尺工具】按钮或按快捷键【T】,绘制两条距离之前辅助线 55 mm 的辅助线(见图 3-30)。为了使绘制的弧线更加圆滑,在绘制圆弧前先将圆弧的边数设置为 32(见图 3-31),然后单击【圆弧】工具按钮或按快捷键【A】,绘制一条长度 354 mm、弧高 200 mm 的圆弧(见图 3-32)。

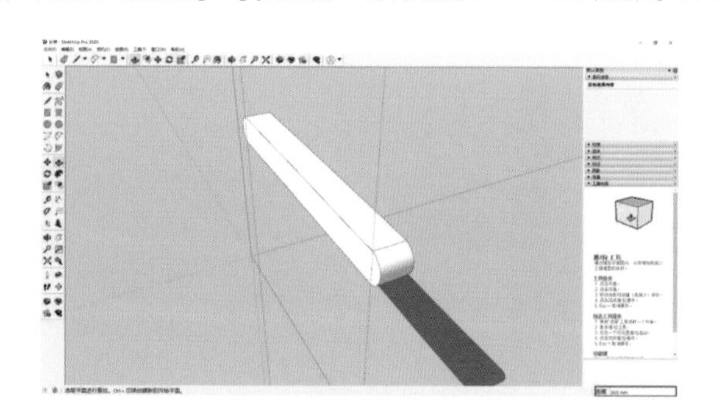

图 3-29　推拉出 50 mm 的厚度

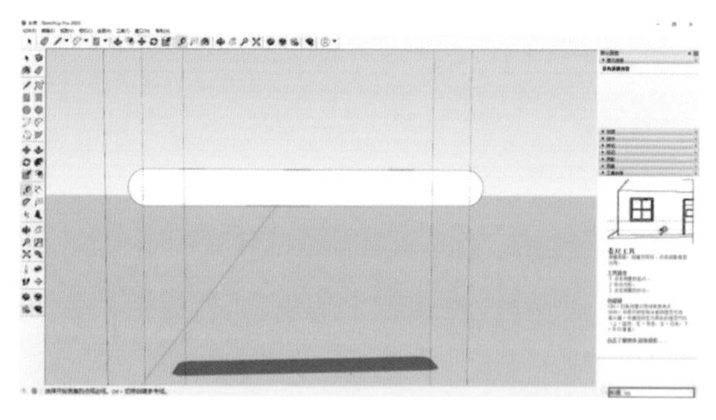

图 3-30　绘制辅助线 2

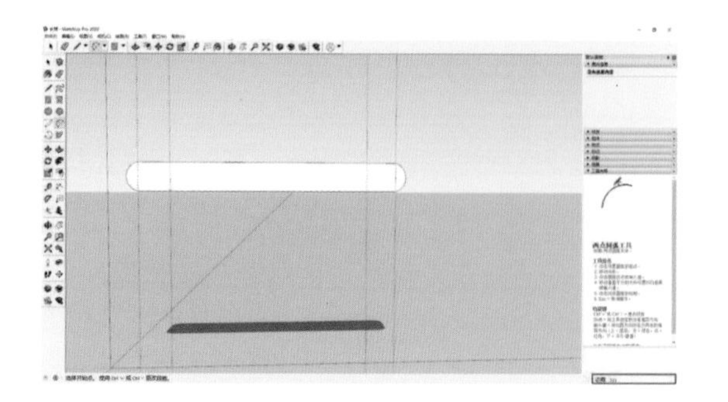

图 3-31　设置圆弧的边数

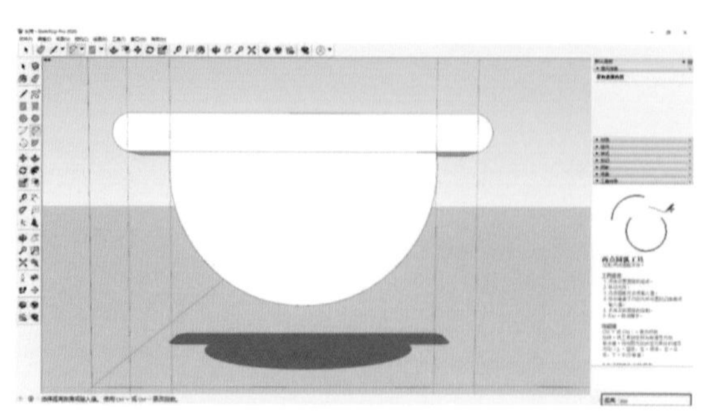

图 3-32　圆弧绘制完成

(6)选中弧面,单击【Delete】键删除弧面(见图 3-33)。

(7)单击【偏移】工具按钮或按快捷键【F】,将弧线偏移 50 mm,得到一条新的弧线(见图 3-34)。再用直线工具补面,形成一个弧面(见图 3-35)。然后,选中中间的弧面,用【Delete】键删除(见图 3-36)。再单击【推/拉】工具按钮或按快捷键【P】,推拉出 50 mm 的厚度(见图 3-37)。

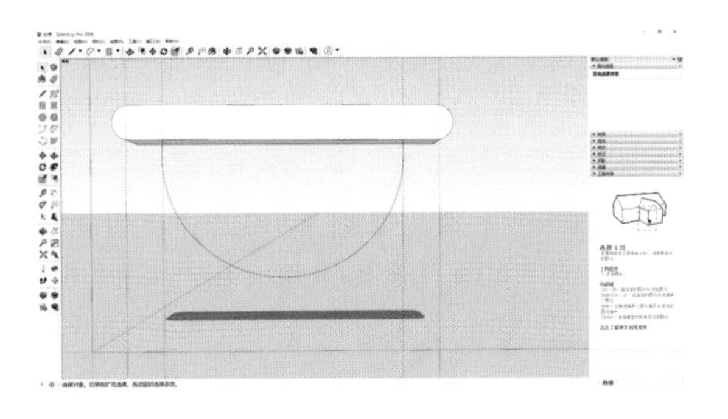

图 3-33 删除弧面

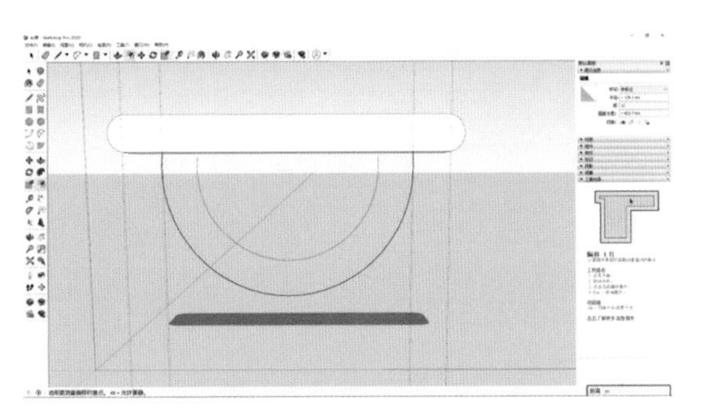

图 3-34 偏移弧线

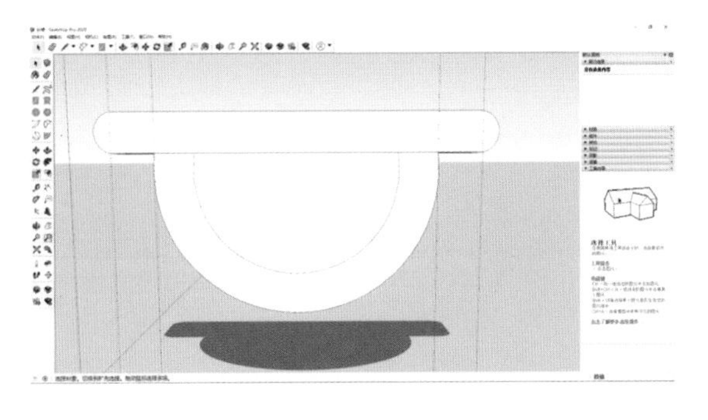

图 3-35 绘制弧面

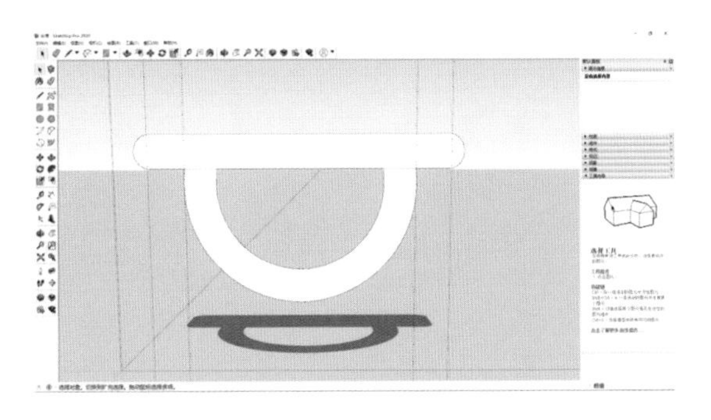

图 3-36 删除中间的弧面

(8)选中弧面,单击【偏移】工具按钮或按快捷键【F】,将弧面偏移 6 mm 的距离(见图 3-38)。再选择中间的弧面,单击【推/拉】工具按钮或按快捷键【P】,推拉出 20 mm 的深度(见图 3-39)。用同样的方法,把弧面体的反面也推拉出 20 mm 的深度(见图 3-40)。

(9)单击【卷尺工具】按钮或按快捷键【T】,分别绘制两条距离画面中两条蓝色辅助线 23 mm 的辅助线(见图 3-41),再绘制离椅面底部 450 mm 的辅助线(见图 3-42)。单击【圆弧】工具按钮或按快捷键【A】,绘制一条长度 510 mm(见图 3-43)、弧高 200 的弧(见图 3-44)。

(10)单击【直线】工具按钮或按快捷键【L】,在弧线的两个端点分别绘制两条长 52 mm 的直线(见图 3-45)。按住【Ctrl】键,选择画面中显示的蓝色线条(见图 3-46),并单击【偏移】工具按钮或按快捷键【F】,将其偏移 10 mm 的距离(见图 3-47),再利用直线命令补好图形,使其成为一个封闭的图形(见图 3-48)。

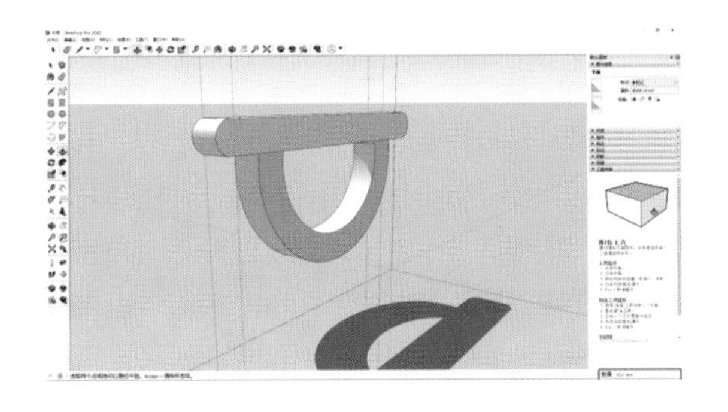

图 3-37 推拉出 50 mm 的厚度

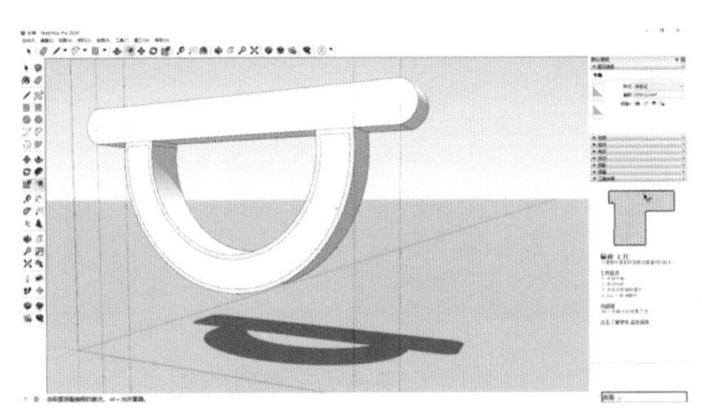

图 3-38 将弧面偏移 6 mm 距离

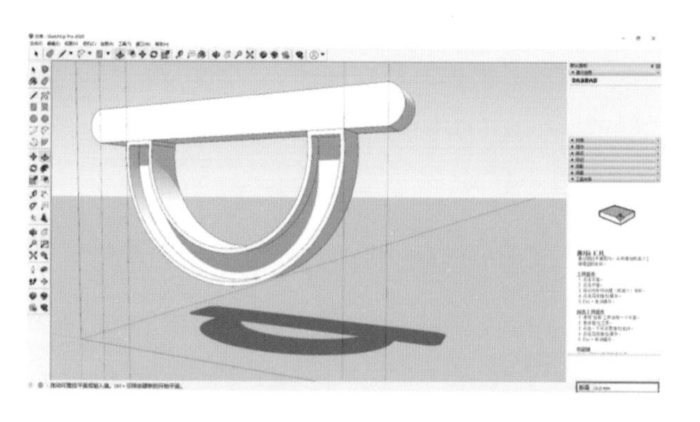

图 3-39　推拉出 20 mm 的深度

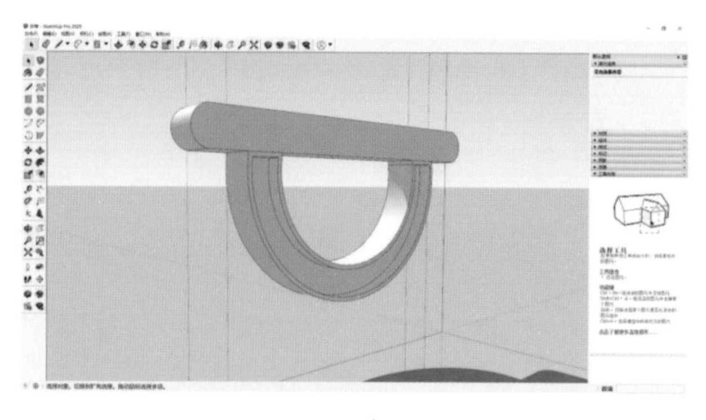

图 3-40　把弧面体的反面推拉出 20 mm 的深度

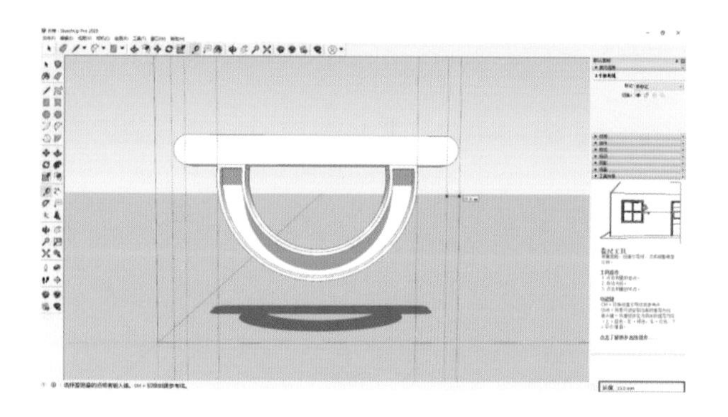

图 3-41　辅助线的绘制

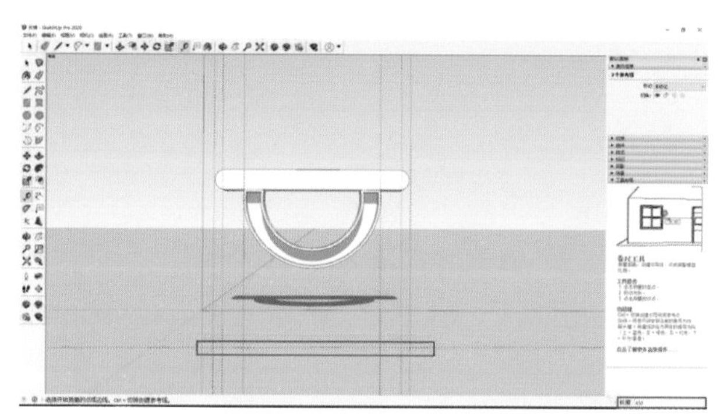

图 3-42　底部辅助线的绘制

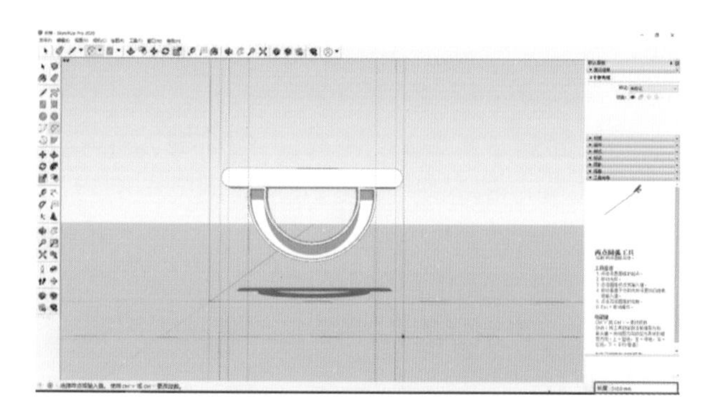

图 3-43　弧线长度 510 mm

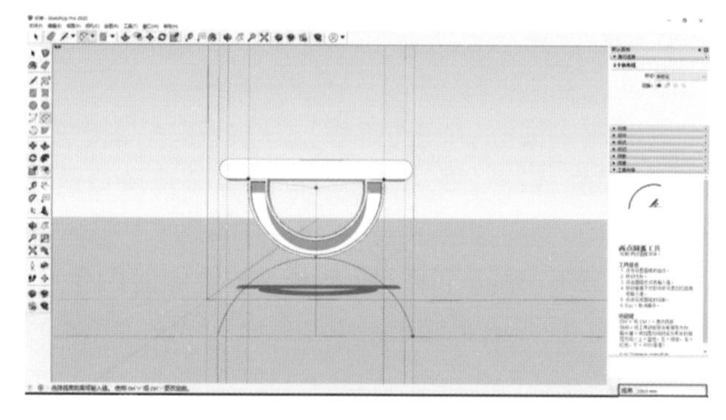

图 3-44　弧线高度 200 mm

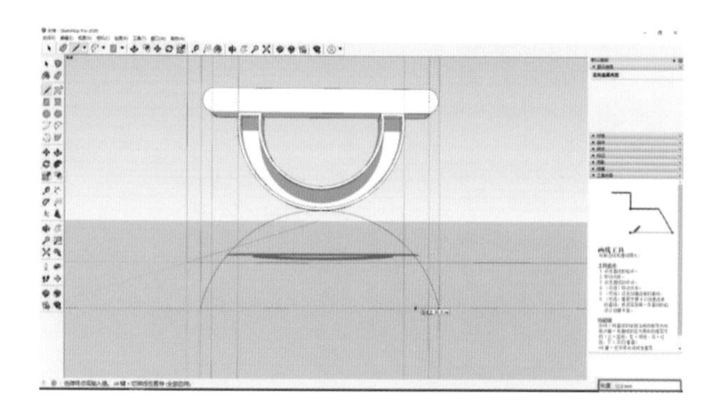

图 3-45　两条直线的绘制

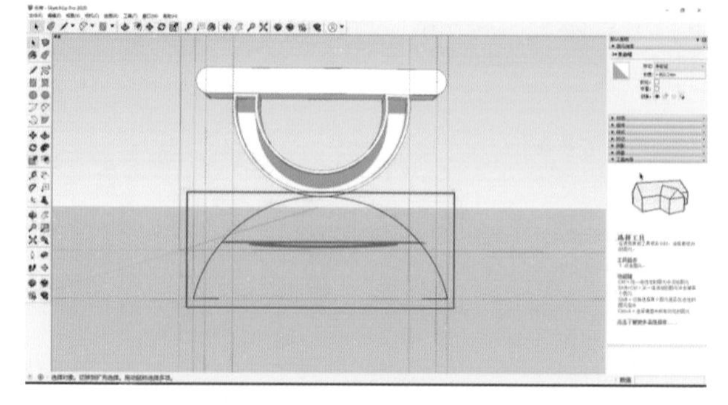

图 3-46　选中蓝色线条

(11)单击【推/拉】工具按钮◆或按快捷键【P】，推拉出 50 mm 的厚度(见图 3-49)，删除画面中的辅助线，选中物体并单击【移动】工具按钮❖或按快捷键【M】，把物体移动到坐标原点(见图 3-50)。

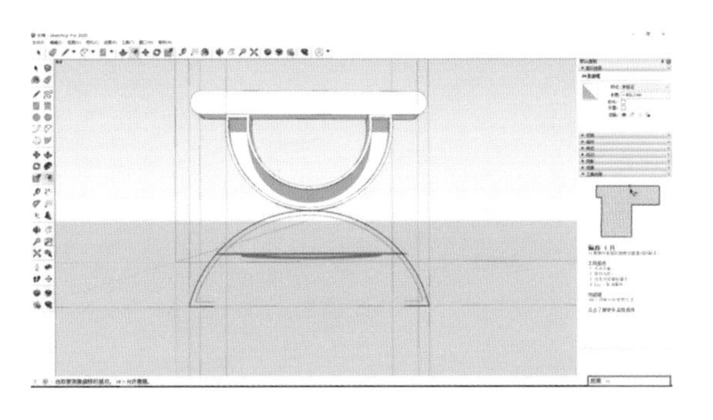

图 3-47 将线条偏移 10 mm 的距离

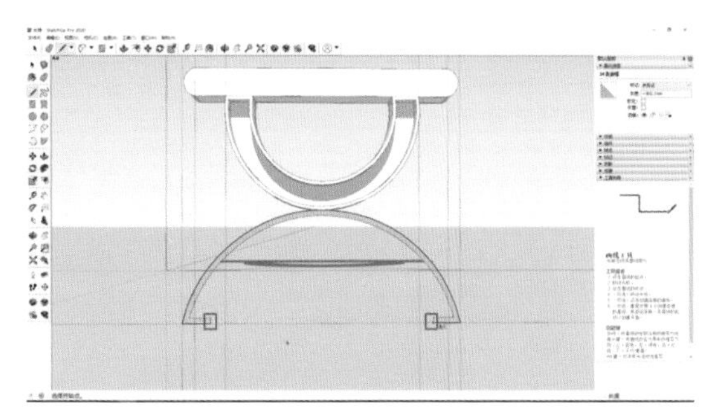

图 3-48 补好图形

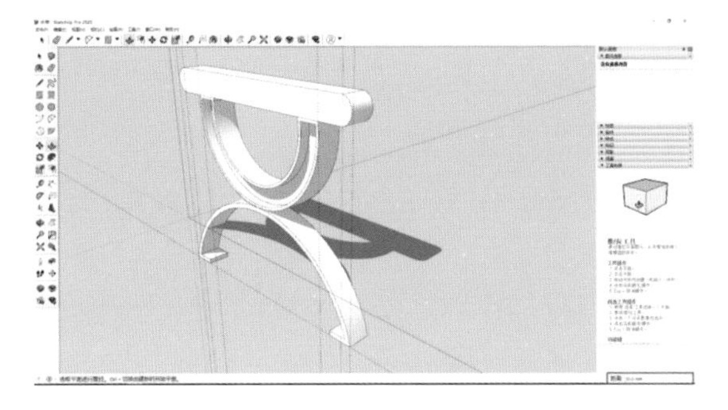

图 3-49 推拉出 50 mm 的厚度

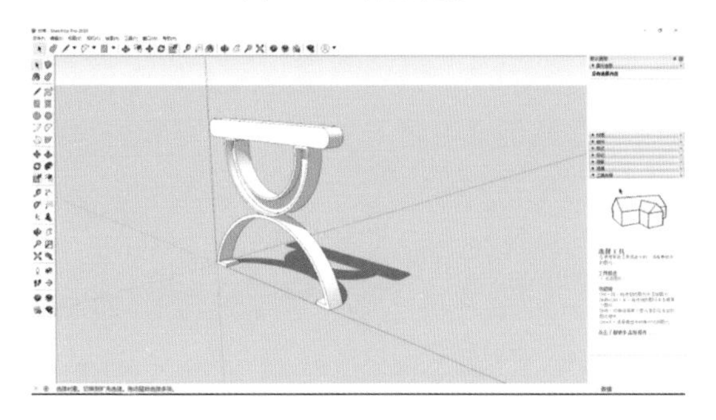

图 3-50 移动物体至坐标原点

(12)选中物体,单击【移动】工具并按住【Ctrl】键,把复制物体沿着绿轴移动 1200 mm 的距离(见图 3-51)。

(13)选中平面,单击【偏移】工具按钮或按快捷键【F】,偏移 6 mm 的距离(见图 3-52),并单击【推/拉】工具按钮或按快捷键【P】,推拉出 1150 mm 长的椅面(见图 3-53)。

图 3-51 复制物体并移动 1200 mm 的距离

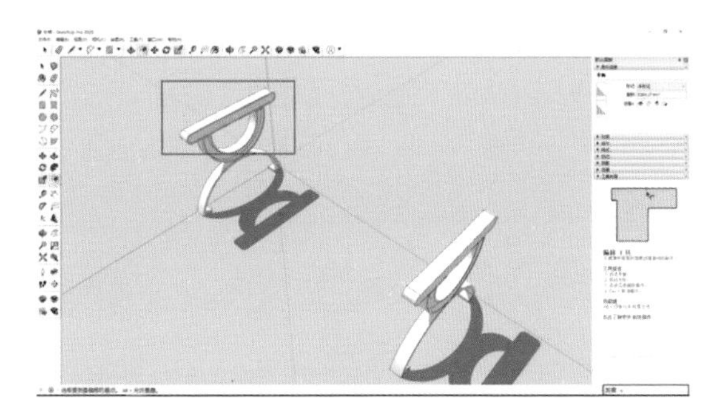

图 3-52 偏移 6 mm 的距离

(14)选中直线,单击鼠标右键,选择【拆分】(见图 3-54),把直线拆分为 5 段(见图 3-55)。再以直线的分割点为起点绘制 4 条直线(见图 3-56)。

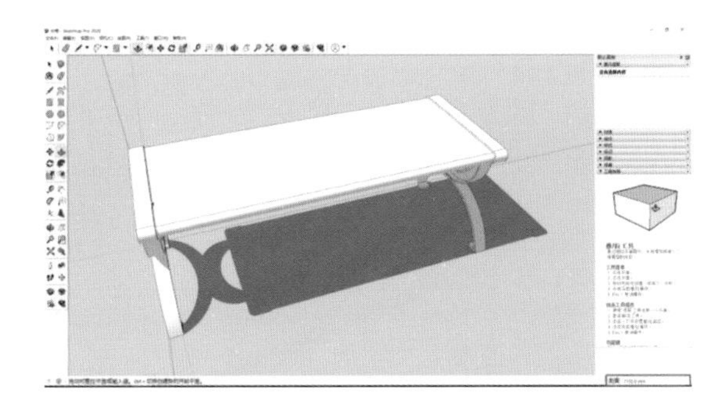

图 3-53 推拉出 1150 mm 长的椅面

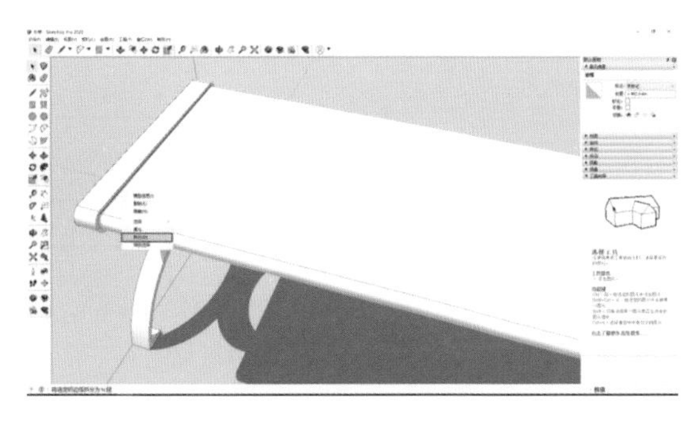

图 3-54 选择【拆分】命令

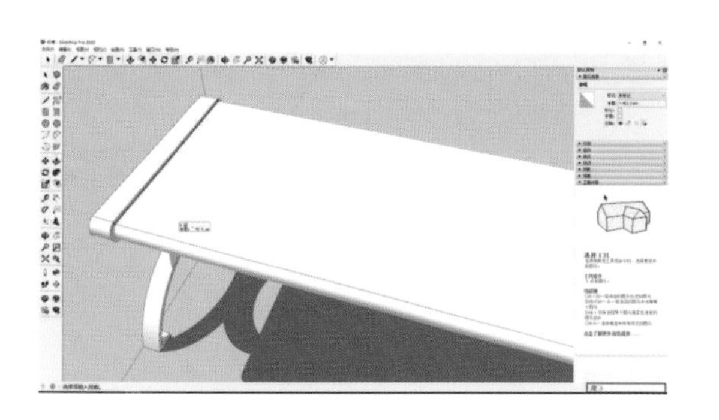

图 3-55 将直线拆分为 5 段

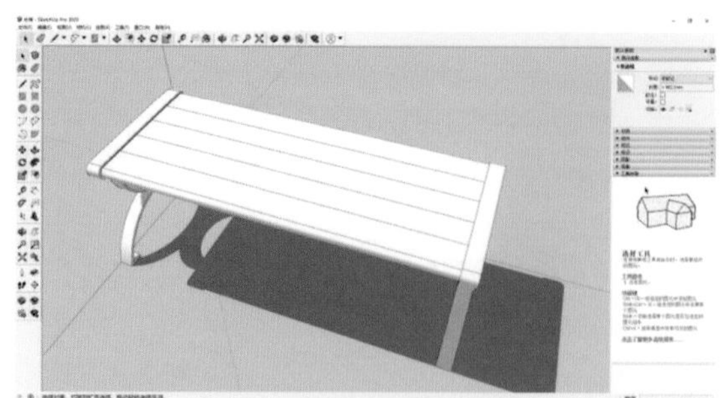

图 3-56 绘制 4 条直线

(15)选择 4 条直线的其中 1 条，按快捷键【T】，分别在直线两侧绘制距离直线 10 mm 的辅助线(见图 3-57)，并沿着辅助线绘制两条直线。单击【移动】工具并按住【Ctrl】键，对绘制的两条直线进行复制(见图 3-58)，再在数值框中输入 3x，就会对直线进行阵列复制(见图 3-59)。

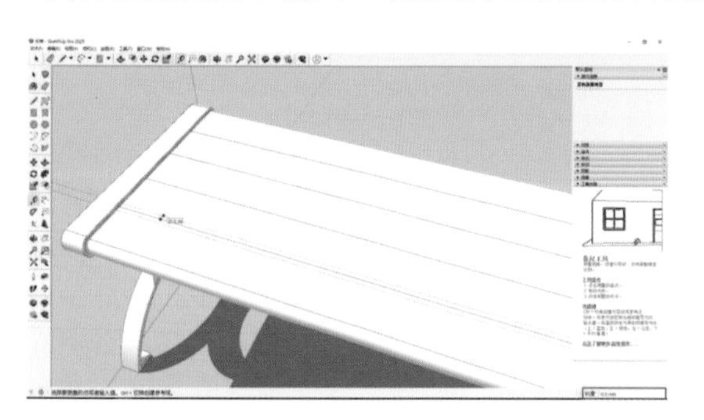

图 3-57 绘制辅助线

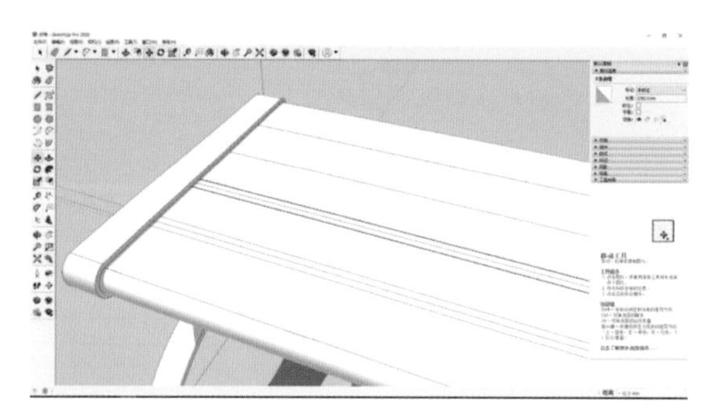

图 3-58 移动复制直线

(16)删除画面中显示的 4 条蓝色直线(见图 3-60)，选中画面中的阴影部分(见图 3-61)，点击【推/拉】工具按钮或按快捷键【P】，推拉并删除多余的部分(见图 3-62)。再用同样的方法删除其他部分(见图 3-63)。最终，景观长椅模型制作完成(见图 3-64)。

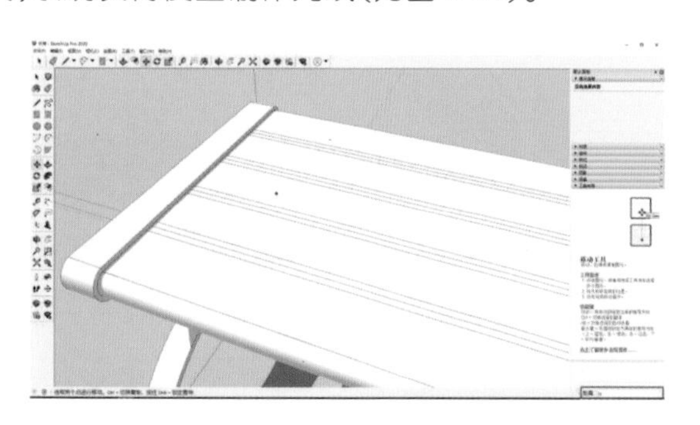

图 3-59 阵列复制所需直线

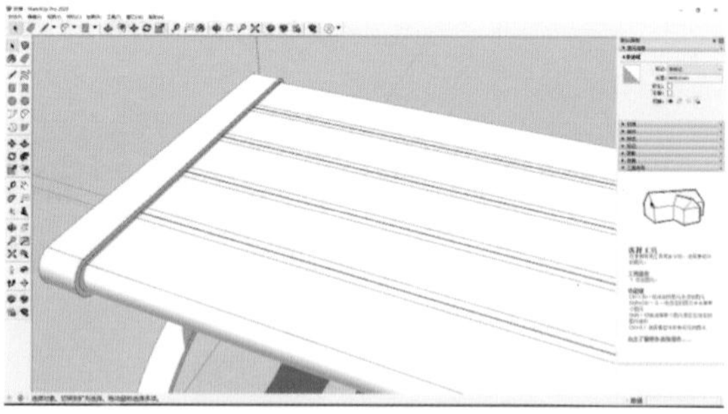

图 3-60 删除 4 条蓝色直线

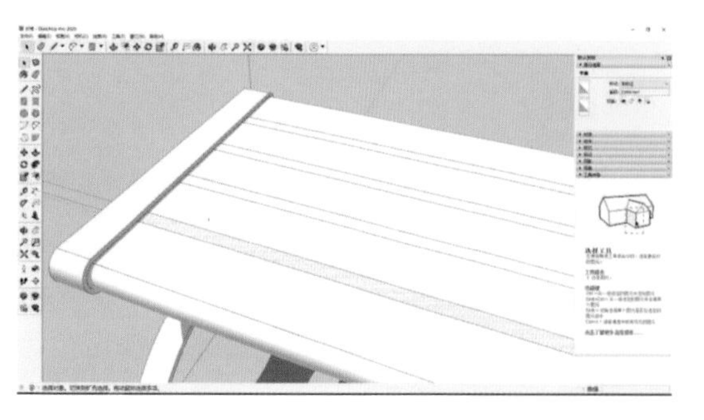

图 3-61 选中需要删除的部分

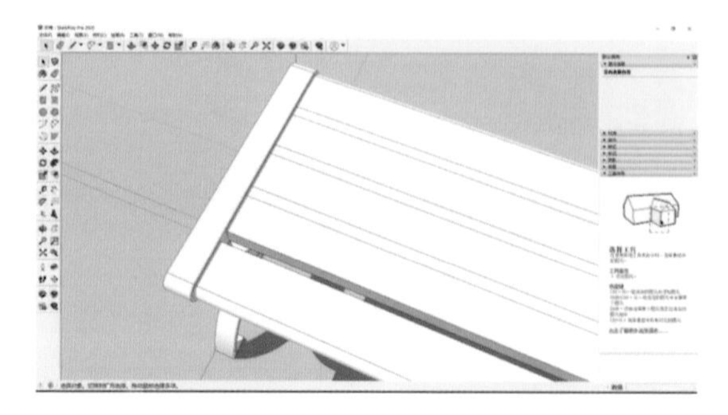

图 3-62 推拉并删除多余的部分

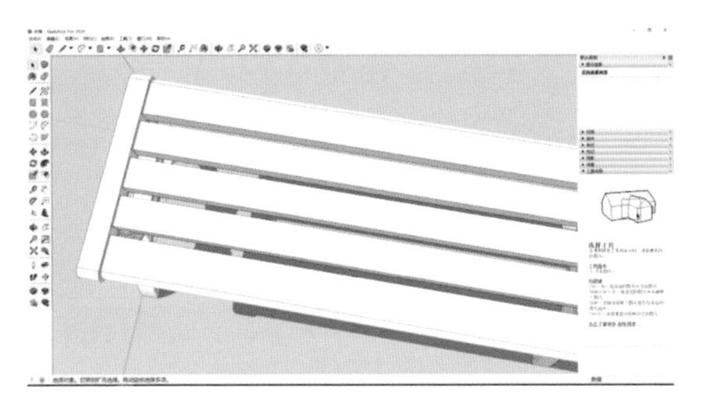

图 3-63　删除其他多余的部分

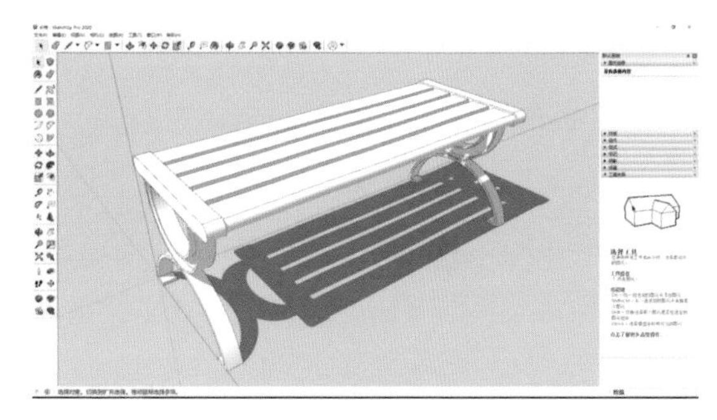

图 3-64　景观长椅建模完成

二、家具表现

（一）板凳表现

1. 将板凳模型导入 KeyShot 9

（1）选择【文件】→【另存为】（见图 3-65），然后在保存类型中选择【SketchUp 版本 2019】，指定路径保存文件（见图 3-66）。这里一定要注意，只有把文件存成 SketchUp 2019 及以下版本，才能在 KeyShot 9 中打开。

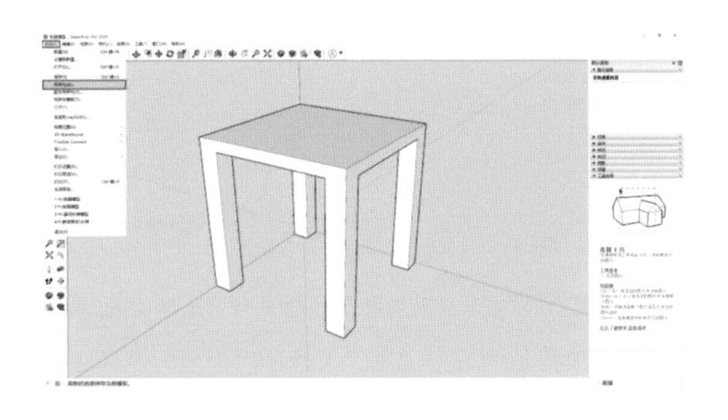

图 3-65　选择【文件】→【另存为】

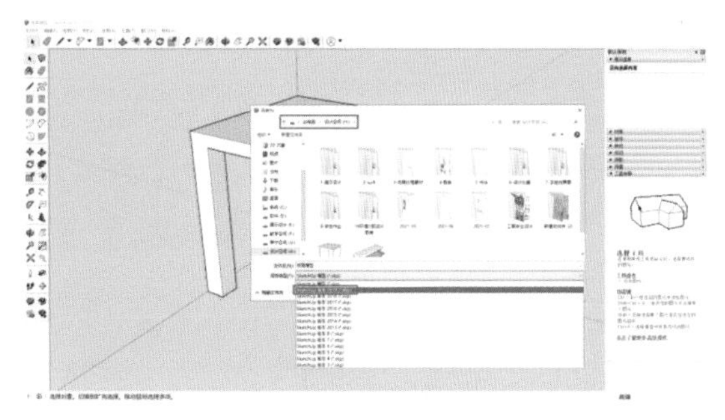

图 3-66　保存板凳模型

（2）打开 KeyShot 9 软件，选择【打开】或【导入】均可（见图 3-67），然后选择打开文件类型为 SketchUp（见图 3-68），再选择文件并打开，会出现一个【KeyShot 导入】对话框（见图 3-69），最后单击【导入】。

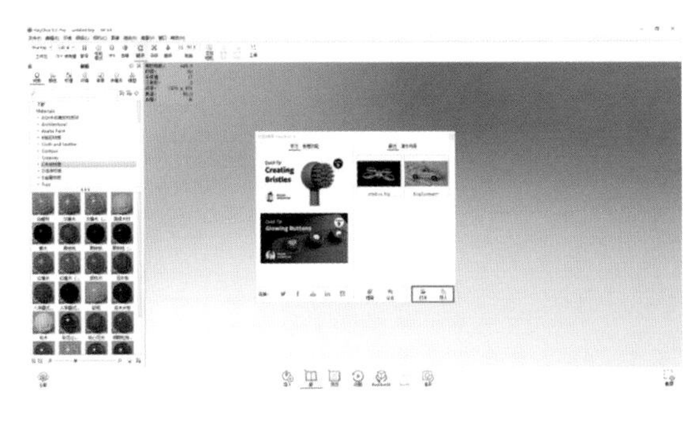

图 3-67　选择【打开】命令

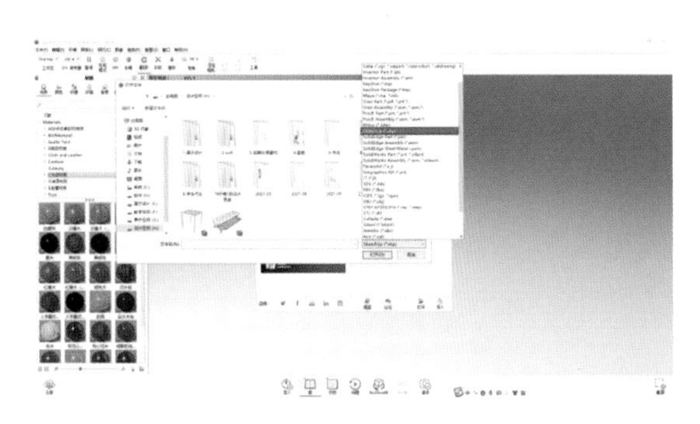

图 3-68　选择打开文件类型

2. 板凳材质赋予

（1）选择【Materials】→【木纹材质】（见图 3-70）。

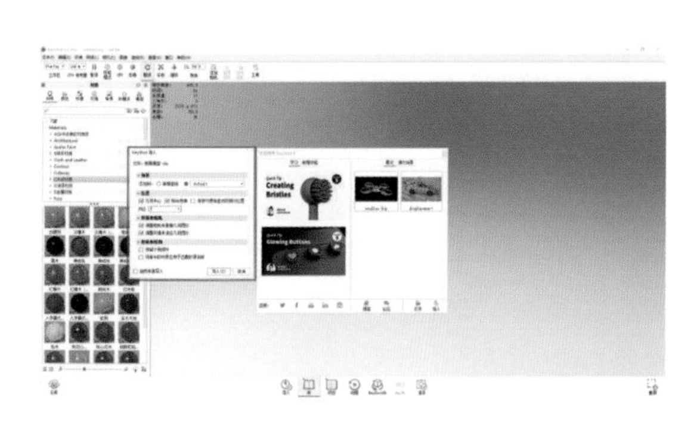

图 3-69 【KeyShot 导入】对话框

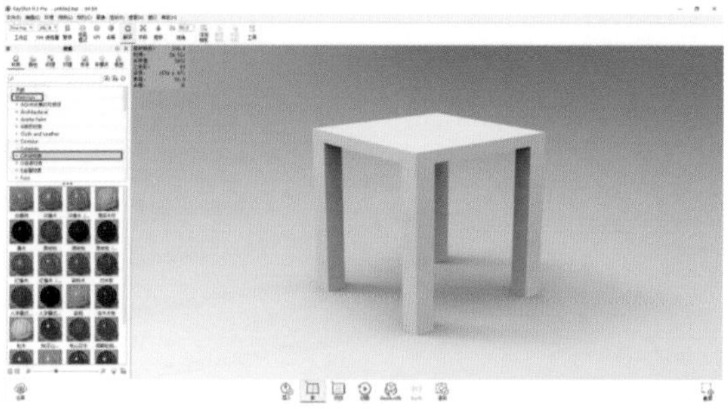

图 3-70 选择木纹材质

(2)选择木纹材质中的【白蜡树】材质类型(见图 3-71),并拖动到板凳模型上,这样便给板凳赋予了材质(见图 3-72)。

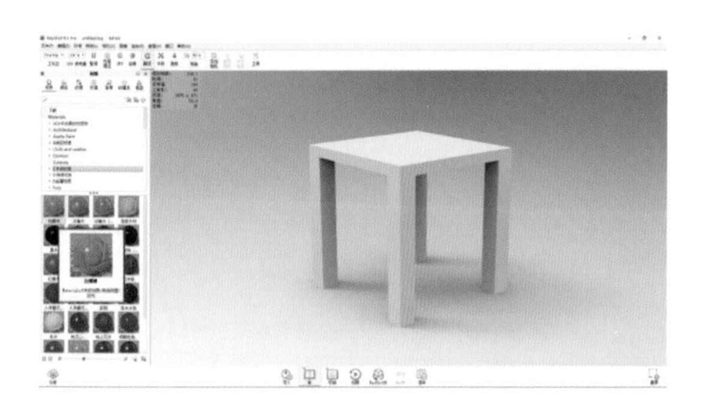

图 3-71 选择需要的木纹材质

图 3-72 赋予板凳材质

3. 板凳渲染输出

(1)单击【渲染】,打开【渲染】对话框(见图 3-73)。

(2)在对话框中设定文件的名称为板凳,保存路径为桌面,质量为 100,分辨率为 3000 像素×1656 像素(见图 3-74)。

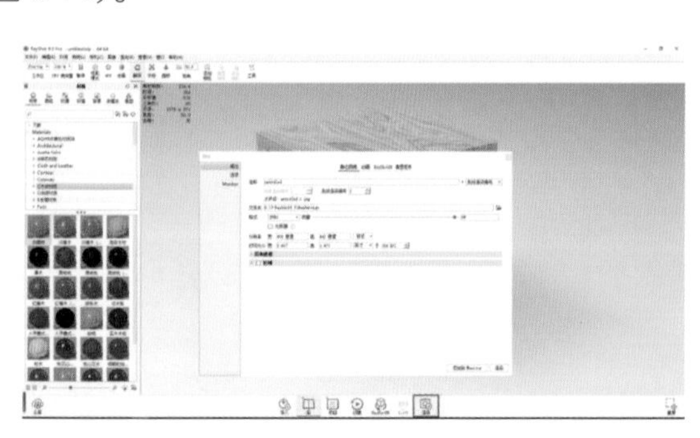

图 3-73 打开【渲染】对话框

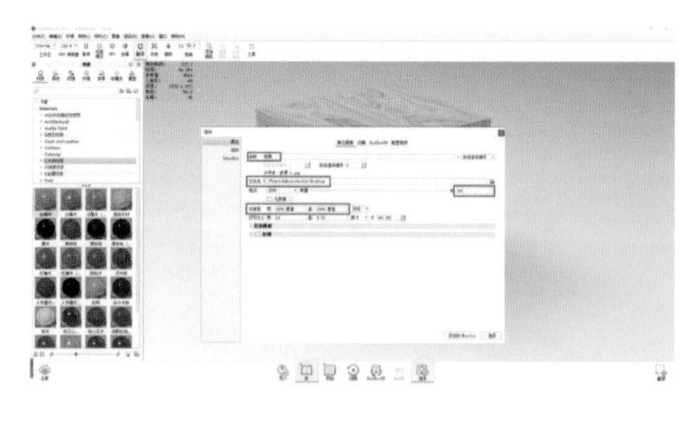

图 3-74 板凳渲染输出设置

(3)单击【渲染】命令,最终板凳渲染完成(见图 3-75)。

(二)景观长椅表现

1. 将景观长椅模型导入 KeyShot 9

将景观长椅模型导入 KeyShot 9 的方法跟前面将板凳模型导入 KeyShot 9 的方法一样,这里不再赘述。但要注意,由于需要赋予景观长椅两种材质,因此需要在 SketchUp 中加以区分,选择红色方框,点击需要改变颜色的景观长椅椅面部分(见图 3-76),再把区分好的模型保存起来。

图 3-75　板凳渲染效果

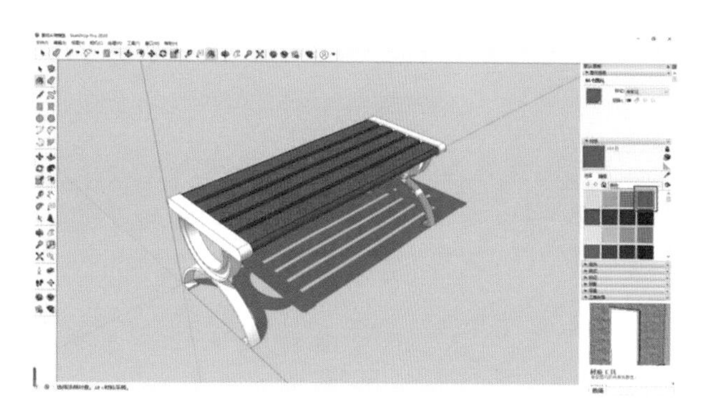

图 3-76　景观长椅材质区分

2. 景观长椅材质赋予

(1)选择【Materials】→【木纹材质】→【淡橡木】(见图 3-77),将该材质类型拖动到景观长椅椅面部分,给椅面赋予材质(见图 3-78)。

图 3-77　选择需要的木纹材质

图 3-78　木纹材质赋予

(2)选择【Materials】→【金属材质】→【黑色磨砂电镀】(见图 3-79),将该材质类型拖动到景观长椅椅腿上,给椅腿赋予材质(见图 3-80)。这样景观长椅的材质赋予便完成了。

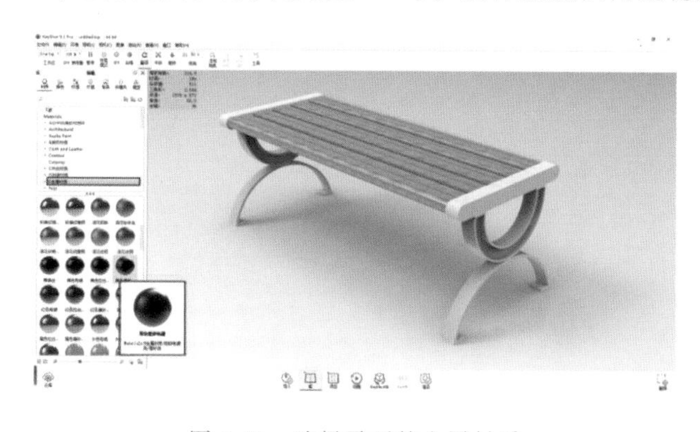

图 3-79　选择需要的金属材质

图 3-80　金属材质赋予

3. 景观长椅渲染输出

(1)单击【渲染】,打开【渲染】对话框,在对话框中设定文件的名称为景观长椅,保存路径为桌面,质量为 100,分辨率为 3000 像素×1656 像素(见图 3-81)。

(2)单击【渲染】,最终景观长椅渲染完成(见图 3-82)。

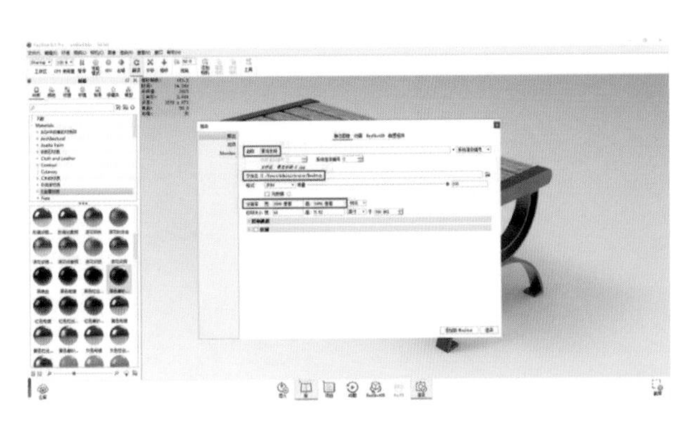

图 3-81 景观长椅渲染输出设置

图 3-82 景观长椅渲染效果

三、家具欣赏

家具效果图欣赏(见图 3-83 至图 3-88),以下设计均获国家外观设计专利。

图 3-83 板凳设计(设计与表现:单宁)

图 3-84 茶几设计(设计与表现:单宁)

图 3-85 春字公共长椅设计（设计与表现:单宁）

图 3-86 蜀字景观长椅设计（设计与表现:单宁）

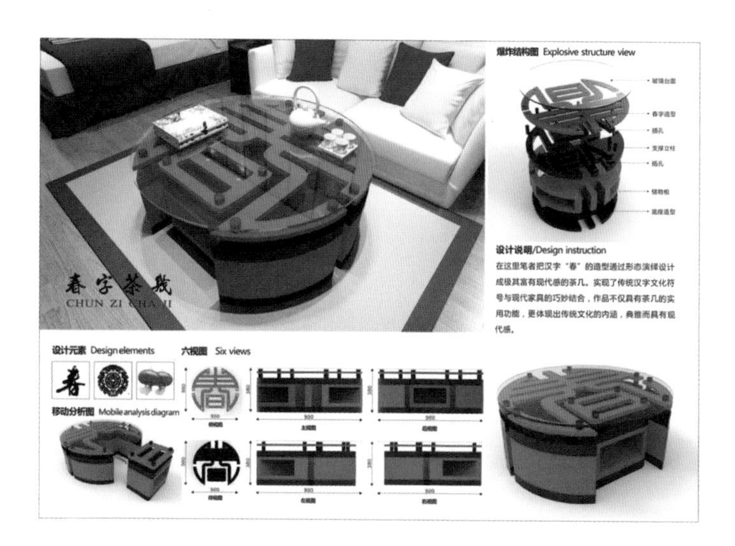

图 3-87　春字茶几设计(设计与表现:单宁)

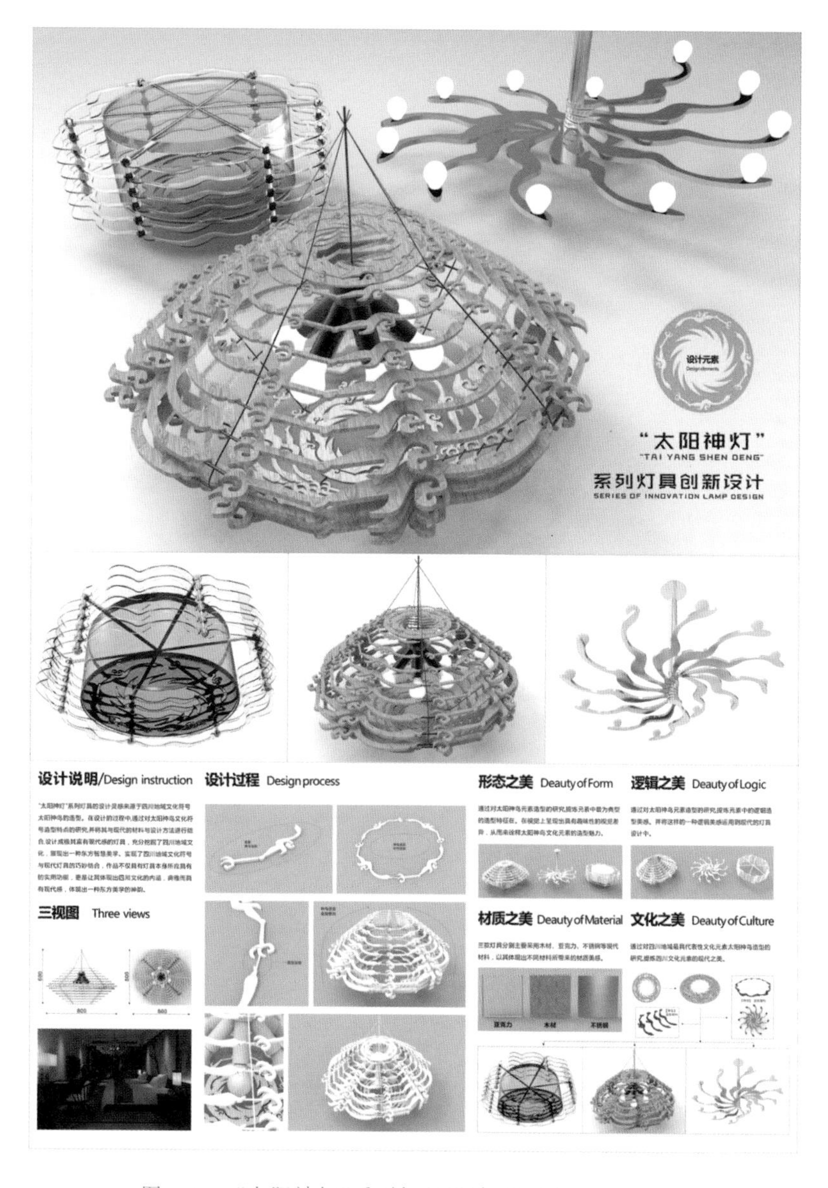

图 3-88　“太阳神灯”系列灯具设计(设计与表现:单宁)

实训项目一:SketchUp 室内家具建模与表现

【实训目的】

掌握 SketchUp 2020 单体室内家具建模与表现的技巧与方法。要求模型尺度准确,制作精细,材质真实且富有质感,整体表现效果突出。

【实训内容】

室内家具的建模与表现。

【融入思政内容】

挖掘课程中的中国传统文化精髓,传承与创新中国传统文化并在三维软件家具建模与表现中运用。在课程设计中制作具有中国传统文化元素或中式风格的室内家具,让学生感受传统文化的魅力,建立文化自信,同时弘扬我国优秀的传统文化。使学生在学习运用三维软件完成家具建模与表现的过程中,对继承、发扬、丰富和发展中国传统文化有比较全面且深刻的探讨与研究。

【考核办法和要求】

(1)能独立完成室内家具模型的绘制,并掌握相关技法;

(2)家具单体模型尺寸准确,满足功能与形式要求;

(3)完成 6 个室内家具的建模与表现;

(4)KeyShot 材质真实,渲染效果突出。

第四章

SketchUp编辑工具

本章概述

除了掌握上一章节介绍的绘图工具外，面对复杂图形对象的创建，还需要掌握编辑工具。本章将针对SketchUp编辑工具详细讲解。第一节对SketchUp的推拉工具、移动工具、旋转工具、缩放工具、偏移工具、路径跟随工具进行介绍。第二节通过室外景观小品单体案例的制作，使学生对SketchUp编辑工具的基本功能有所了解与掌握。

学习目标

使学生了解SketchUp的编辑工具有哪些；同时，掌握推拉工具、移动工具、旋转工具、缩放工具、偏移工具、路径跟随工具的用法，为下一阶段的学习奠定三维软件绘图基础。

第一节 SketchUp编辑工具的操作

SketchUp编辑工具主要包括推拉工具、移动工具、旋转工具、缩放工具、偏移工具、路径跟随工具。SketchUp编辑工具的主要优点是能将简单的图形组合成各种不同的复杂图形，以满足后期的建模需求。

一、推拉工具

单击【推/拉】工具按钮◆或按快捷键【P】，即可启动推拉命令。

推拉工具可以将平面图形在自身垂直方向进行拉伸，得到想要的尺度。

激活推拉工具，移动光标至图形上，单击鼠标左键，拾取平面(见图4-1)，拖动至合适尺度，松开(或输入精确数值并按回车键确定)，即可完成推拉操作(见图4-2)。

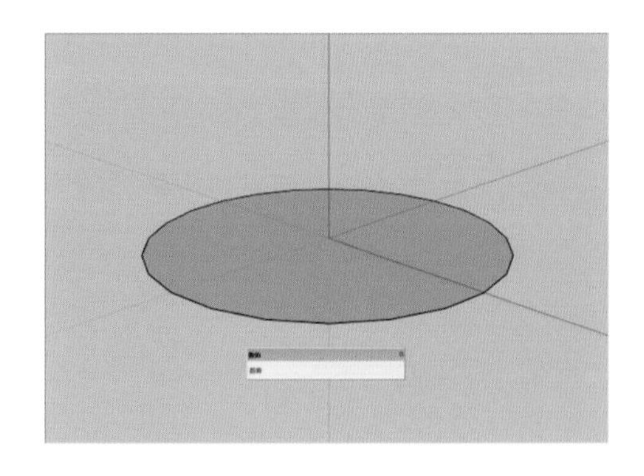

图4-1　单击鼠标左键拾取平面

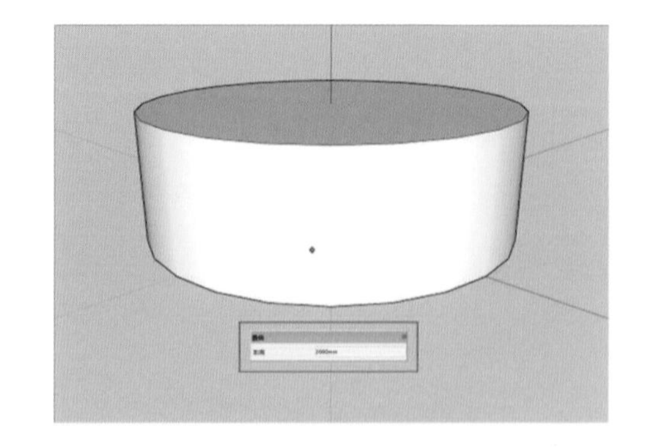

图4-2　完成推拉操作

注：在执行推拉命令的过程中，推拉值会在数值框中显示，使用者可在推拉过程中或完成推拉命令后对数值进行更新和修改，若输入数值为负数，则表示往当前面的反方向推拉。

使用推拉工具将平面推拉至一定尺度之后(见图4-3)，在该面或其他面双击鼠标左键(见图4-4)，则该面将以上一次的推拉尺度再次拉伸，完成重复推拉操作(见图4-5)。

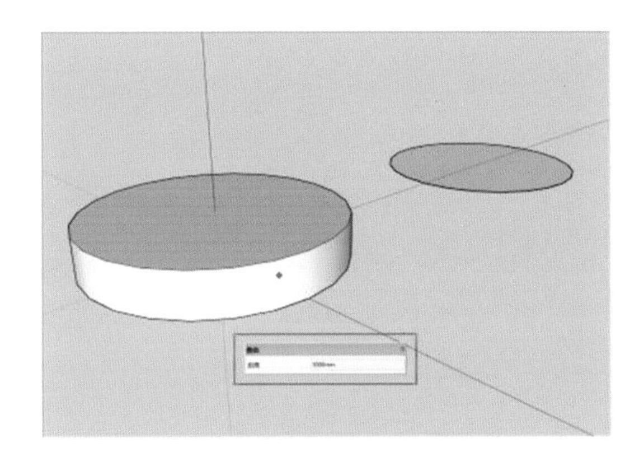

图 4-3　推拉平面圆成圆柱体

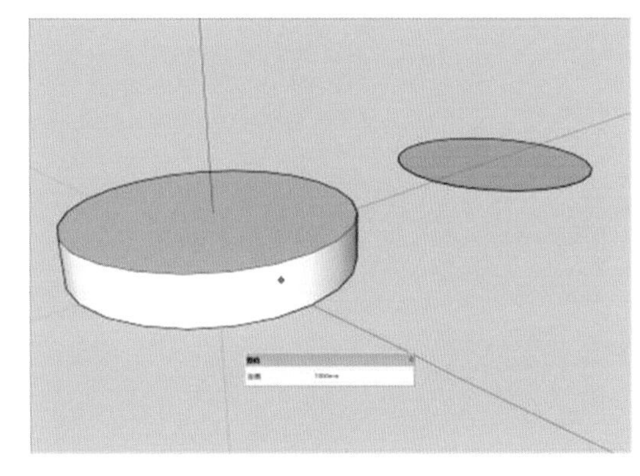

图 4-4　双击鼠标左键

在使用推拉工具的同时按住 Ctrl 键，鼠标光标显示“＋”号，表示复制命令，双击该面（见图 4-6），在推拉该面的过程中复制一个新的面并进行推拉操作，完成复制推拉操作（见图 4-7）。

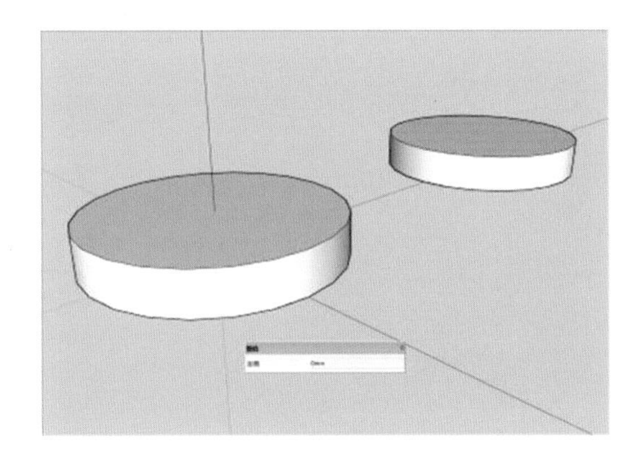

图 4-5　完成重复推拉操作

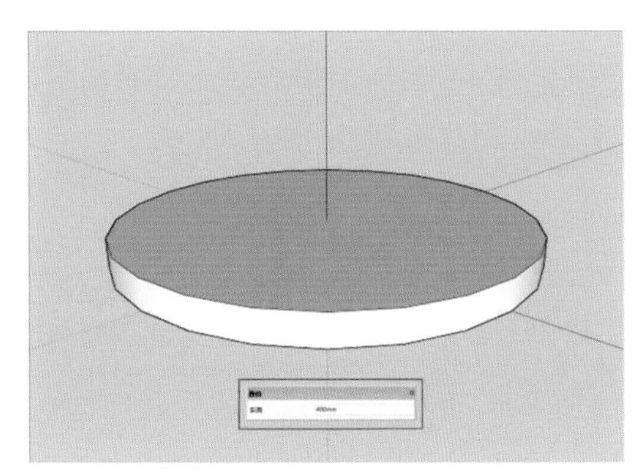

图 4-6　双击该面，复制新的面

二、移动工具

单击【移动】工具按钮❖或按快捷键【M】，即可启动移动命令。

使用移动工具可以移动、拉伸和复制物体，也可以旋转组件。

激活移动工具，移动光标至构成物体的点、线、面，对象即被激活，指定移动的基点，再次拖动鼠标，对象所在位置发生移动（见图 4-8 至图 4-10）。

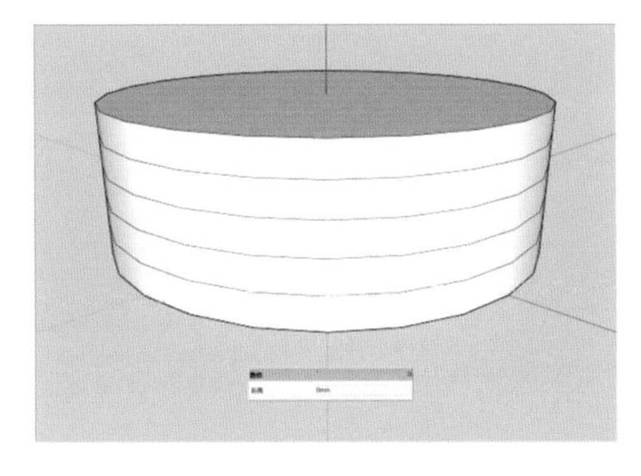

图 4-7　完成复制推拉操作

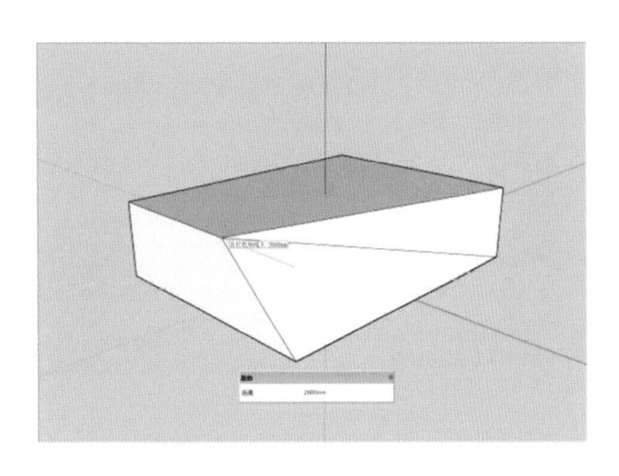

图 4-8　移动点

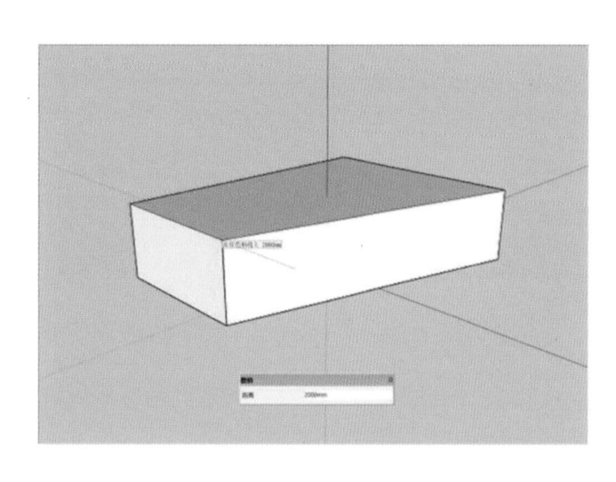

图 4-9　移动线

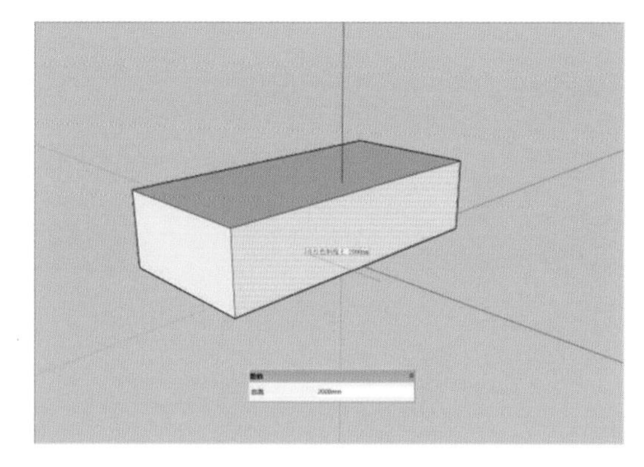

图 4-10　移动面

注:在执行移动命令的过程中,随着鼠标的拖动会出现参考线(红色为 X 轴,绿色为 Y 轴,蓝色为 Z 轴,按 Shift 键锁定参考轴);在数值框中动态显示数值,可输入数值进行精确移动。

使用选择工具,选中移动对象(见图 4-11)。在执行移动命令的同时按 Ctrl 键,光标的右下角会显示“＋”号,表示复制命令,指定移动的基点,再次移动鼠标,完成复制移动操作(见图 4-12)。

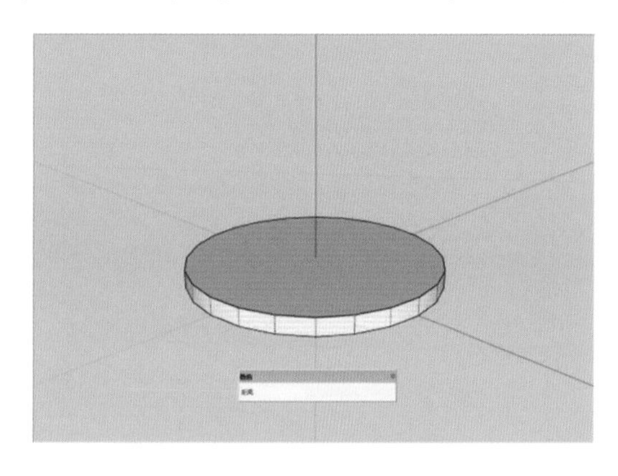

图 4-11　选中移动对象

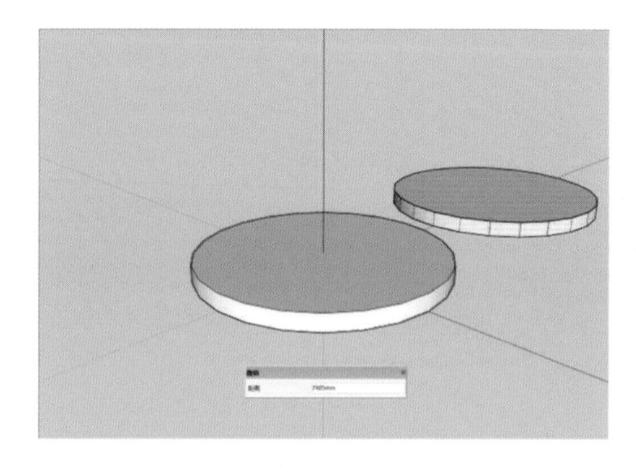

图 4-12　完成复制移动操作

在完成对象的复制后,在数值框中输入“×5”或“ * 5”,表示按原物体与复制物体之间相同的间距复制出 5 个物体,完成多重复制操作(见图 4-13)。

在完成对象的复制后,在数值框中输入“/5”(见图 4-14),表示将原物体与复制物体之间的距离平均分成 5 份,复制出 4 个物体,完成总距均分操作(见图 4-15)。

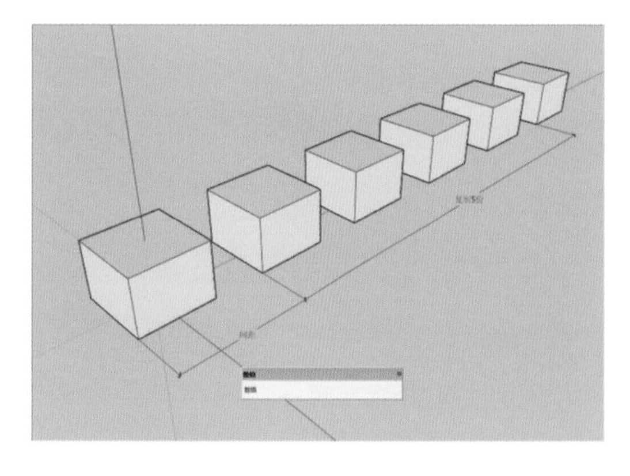

图 4-13　完成多重复制操作

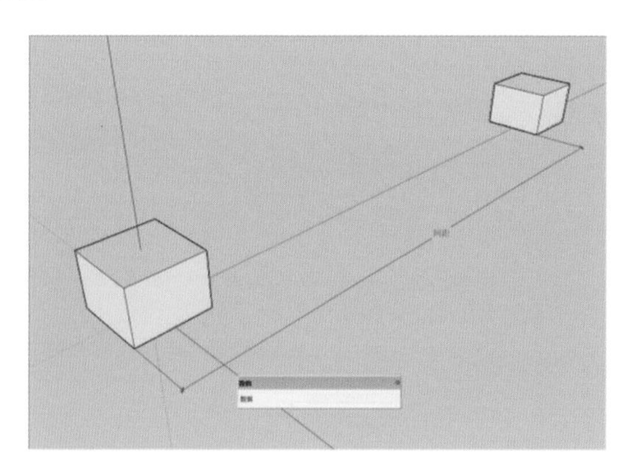

图 4-14　复制移动

三、旋转工具

单击【旋转】工具按钮 或按快捷键【Q】，即可启动旋转命令。

旋转工具可以在同一平面上旋转物体中的元素，也可以旋转单个或群组物体，配合功能键可执行旋转复制命令。

在使用旋转工具的过程中，首先执行选择命令，选中待旋转物体，激活旋转工具，光标呈现“量角器”样式，移动光标确定旋转面（见图 4-16），单击鼠标右键，确定旋转轴心点和轴线，拖动鼠标，完成对物体的旋转（见图 4-17）。

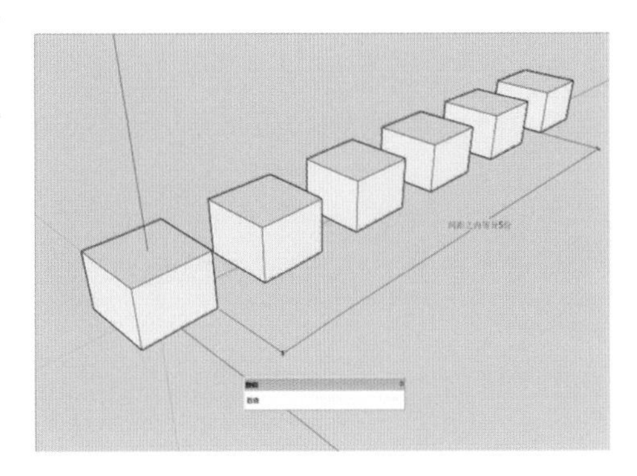

图 4-15 完成总距均分操作 1

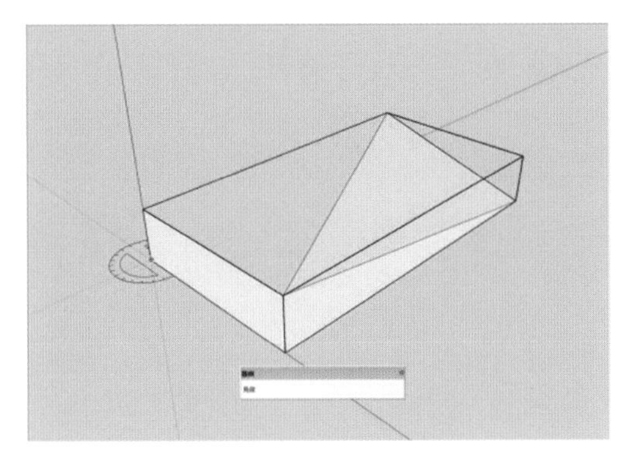

图 4-16 确定旋转面

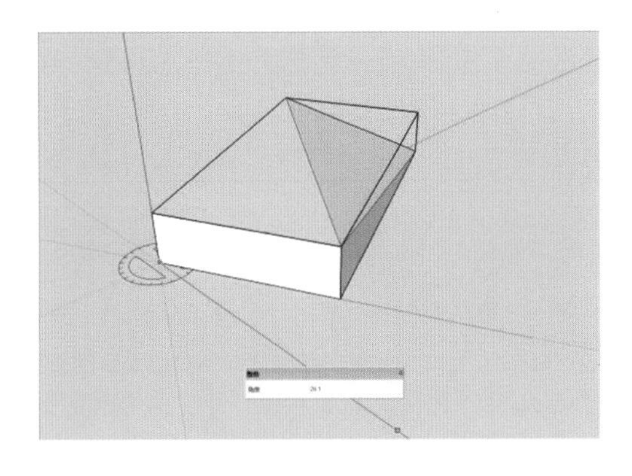

图 4-17 完成旋转操作

注：在执行旋转命令的过程中，随着选择的旋转面不同，“量角器”呈现不同色彩。例如，蓝色量角器垂直于 Z 轴，绕着 X、Y 轴形成的平面旋转。

要对物体进行旋转复制，首先使用选择工具来选择旋转物体（见图 4-18）。在执行旋转命令的同时按 Ctrl 键，光标右下角显示“＋”号，表示复制命令，指定旋转的轴线，确定轴线，再次拖动鼠标，完成旋转复制操作（见图 4-19）。

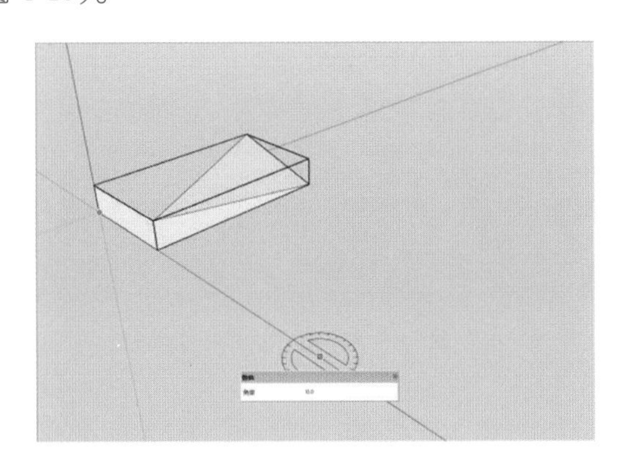

图 4-18 选择旋转物体

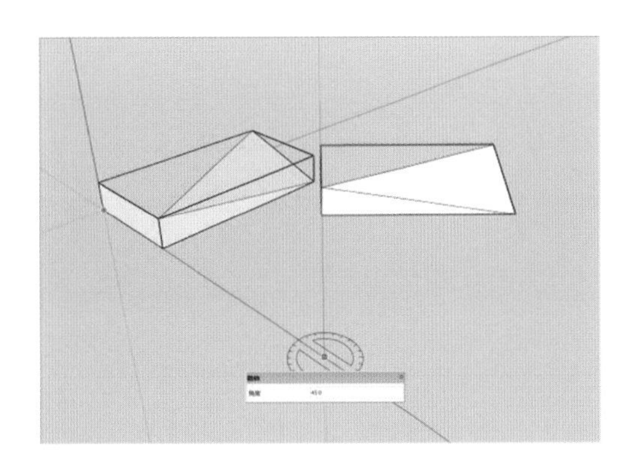

图 4-19 旋转复制 1

要对物体进行多重旋转复制，首先使用选择工具选中旋转物体（见图 4-20），使用旋转工具完成对象的旋转复制后（见图 4-21），在数值框中输入“×8”或“＊8”，表示按照上一次的旋转角度将物体旋转复制出 8 份，完成多重旋转复制操作（见图 4-22）。

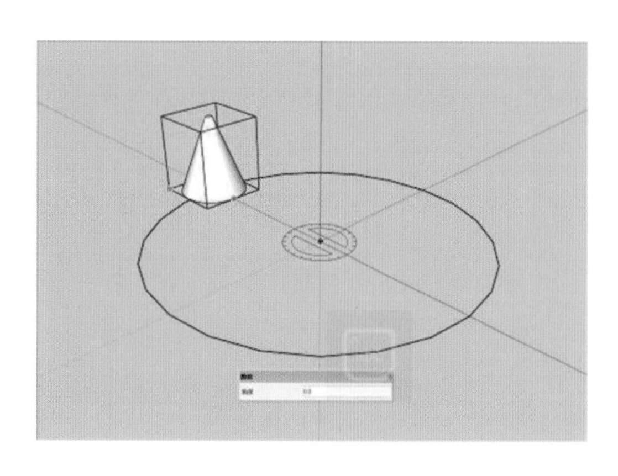

图 4-20　选中旋转物体

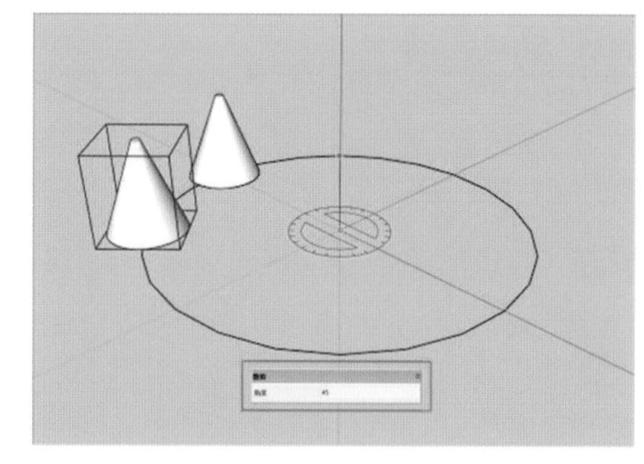

图 4-21　旋转复制 2

使用旋转工具完成对象的旋转复制后(见图 4-23),在数值框中输入"/3",表示在复制物体的旋转角度之内等分复制出 3 份,完成总距均分操作(见图 4-24)。

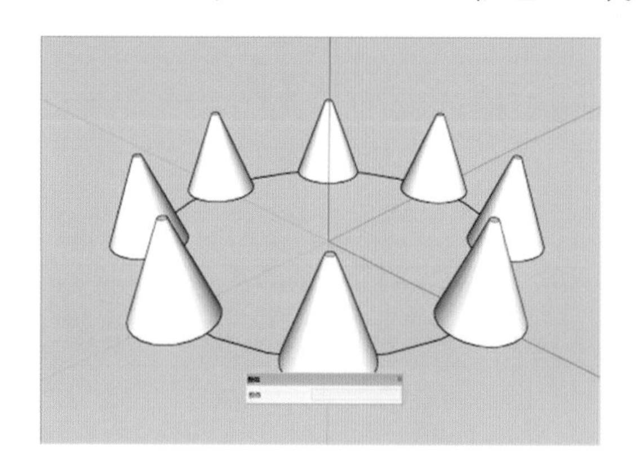

图 4-22　完成多重旋转复制

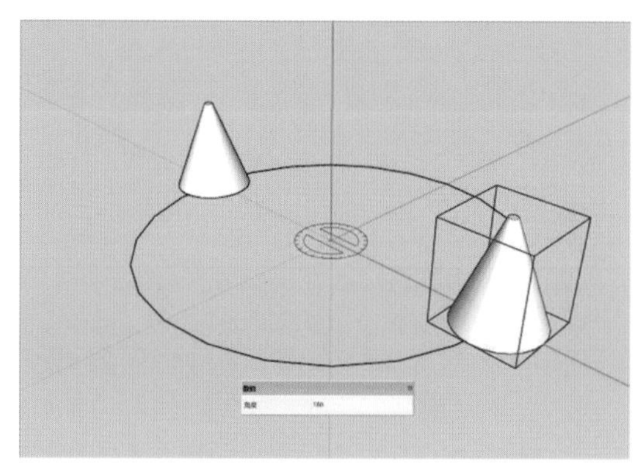

图 4-23　旋转复制 3

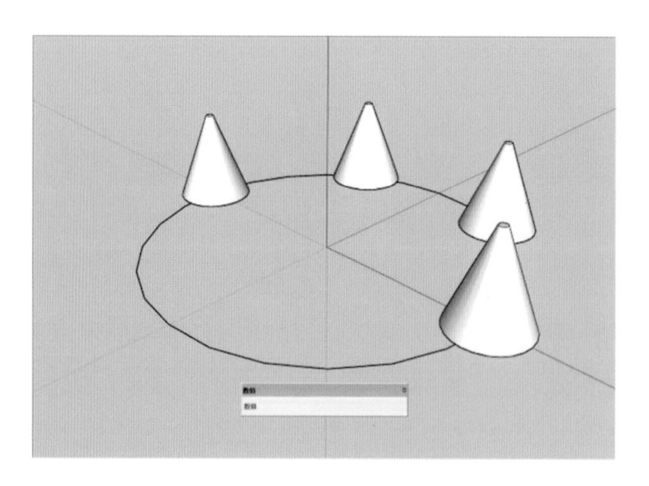

图 4-24　完成总距均分操作 2

四、缩放工具

单击【缩放】工具按钮或按快捷键【S】,即可启动缩放命令。

缩放工具可以缩放或拉伸选中物体。缩放命令可进行等比缩放,也可以进行不等比缩放。

在执行缩放命令的过程中，首先使用选择工具，选中待缩放物体，激活缩放工具，物体四周呈现缩放点（二维图形呈现 8 个缩放点，三维图形呈现 26 个缩放点），单击并拖动缩放点，即可对物体完成缩放操作（见图 4-25 和图 4-26）。

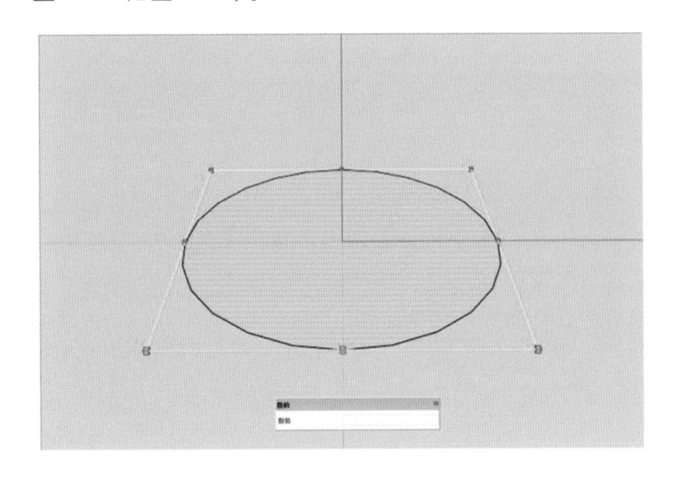

图 4-25 二维图形呈现 8 个缩放点

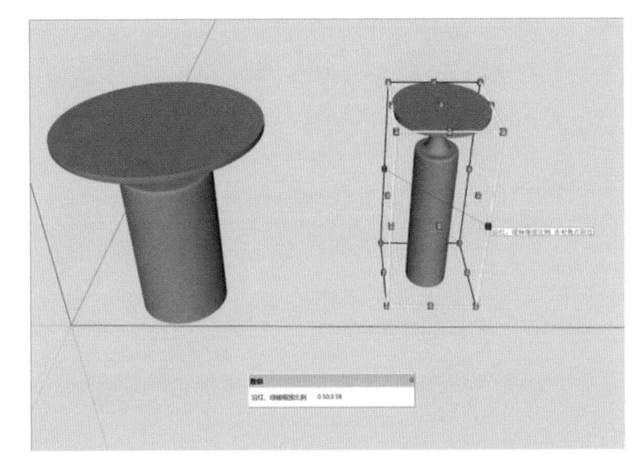

图 4-26 三维图形呈现 26 个缩放点

（一）对角夹点

单击对角夹点（呈现红色），可以使物体沿对角方向进行等比缩放，物体不会变形（见图 4-27）。

（二）边线夹点

单击边线夹点，可以使物体在对边的两个方向上进行非等比缩放，物体将发生变形（见图 4-28）。

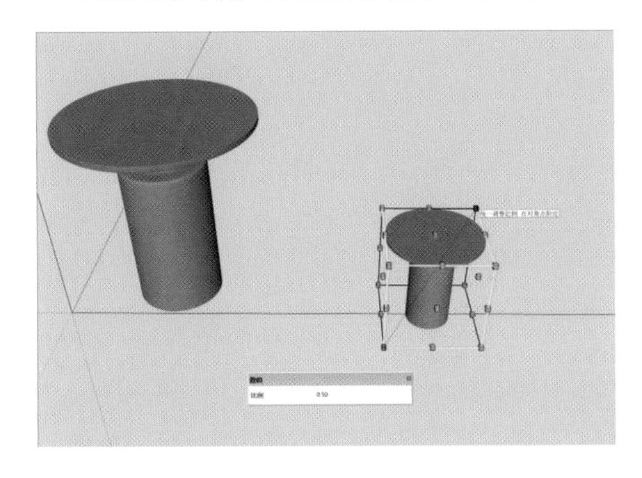

图 4-27 对角夹点操作

图 4-28 边线夹点操作

（三）表面夹点

单击表面夹点，可以使物体沿着垂直面的方向进行非等比缩放，物体将发生变形（见图 4-29）。

注：在缩放过程中，数值框显示缩放比，如“2”表示放大 2 倍，“0.5”表示缩小至原物体的 50%。

在使用缩放工具的过程中，可配合其他功能键完成缩放，比如，同时按 Ctrl 键，可对物体进行中心缩放，按 Shift 键可在等比缩放与非等比缩放之间进行切换。

在对镜像物体进行缩放时，首先使用选择工具，选择镜像物体，执行缩放命令，单击镜像物体的表面夹点，往反方向拖拽或直接在数值框输入负数值，完成镜像缩放，如“－0.5”表示镜像物体缩小 50%；“－1”表示镜像物体与原物体等大（见图 4-30）。

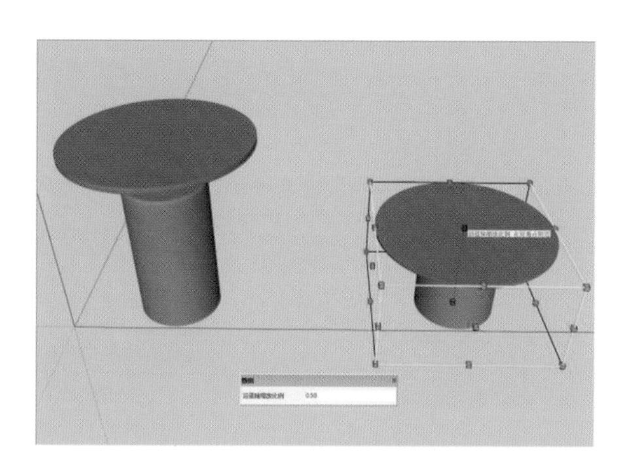

图 4-29 表面夹点操作

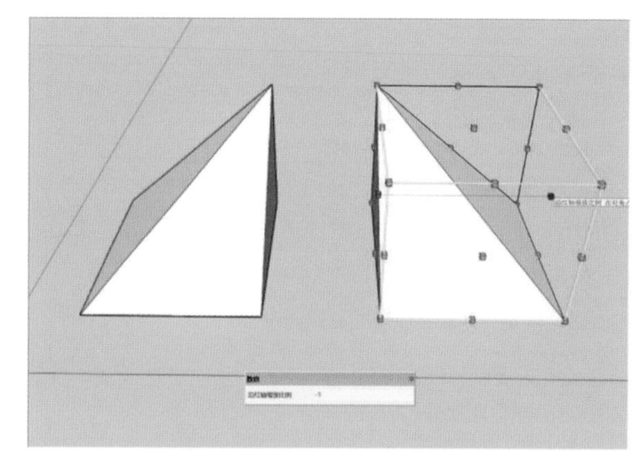

图 4-30 镜像物体的缩放

五、偏移工具

单击【偏移】工具按钮或按快捷键【F】,即可启动偏移命令。

偏移工具可以对物体的表面或一组共面的线进行偏移复制。执行偏移命令,可以将对象表面的边线偏移至原表面的内侧或者外侧,之后将产生新的表面。

在执行偏移命令的过程中,先使用选择工具选中待偏移的线(注:在共面的情况下,必须选择两条以上相连的线),激活偏移工具,单击所选择的线,将光标向偏移方向拖动,在数值框中输入偏移距离,按 Enter 键确定,完成线段偏移(见图 4-31)。

在执行偏移命令的过程中,先使用选择工具选中待偏移的面(注:一次只能选择一个面),激活偏移工具,单击所选择的面,将光标向偏移方向拖动,在数值框中输入偏移距离,按 Enter 键确定,完成单面偏移(见图 4-32)。

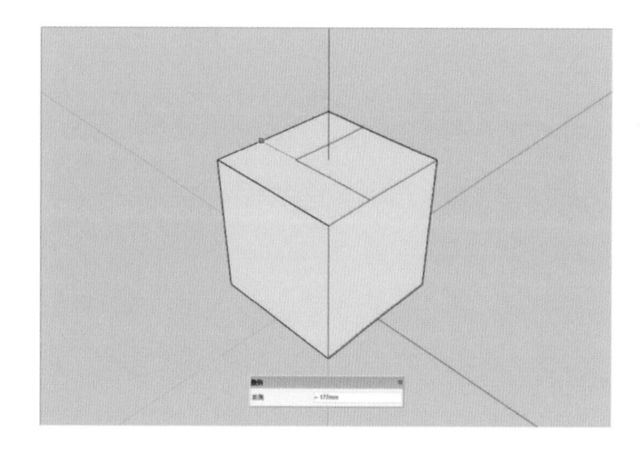

图 4-31 线段偏移

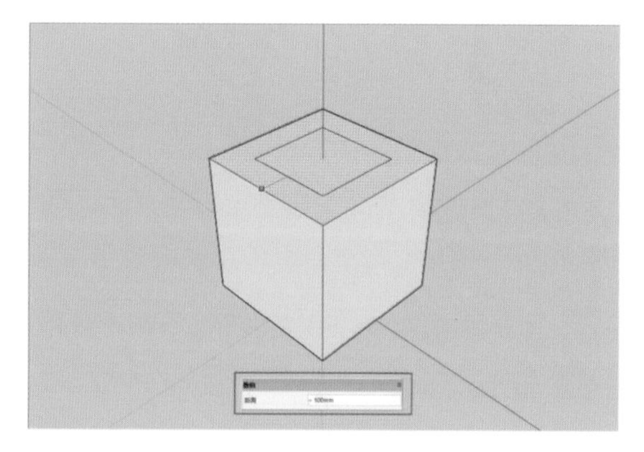

图 4-32 单面偏移

六、路径跟随工具

单击【路径跟随】工具按钮,即可启动路径跟随命令。

路径跟随工具可以将物体截面沿已知路径放样,从而创建复杂的几何形体,该工具是使二维图形向三维模型转化的主要工具。

在执行路径跟随命令的过程中采用手动放样，首先使用画圆工具绘制路径边线和截平面（见图 4-33）。

激活路径跟随工具，单击截平面，沿着路径拖动截平面，此时路径线呈红色（见图 4-34），拖动至端点时单击鼠标左键，完成路径跟随操作（见图 4-35）。

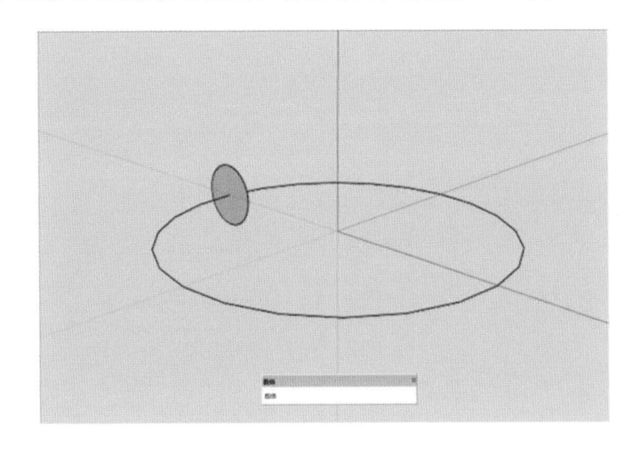

图 4-33　绘制路径边线和截平面

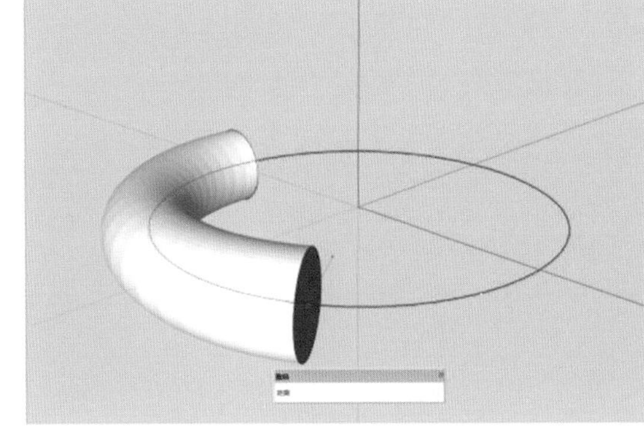

图 4-34　完成手动放样

在执行路径跟随命令的过程中采用自动放样，先使用选择工具选择放样路径（见图 4-36），再激活路径跟随工具，单击被放样的截平面，完成自动放样（见图 4-37）。

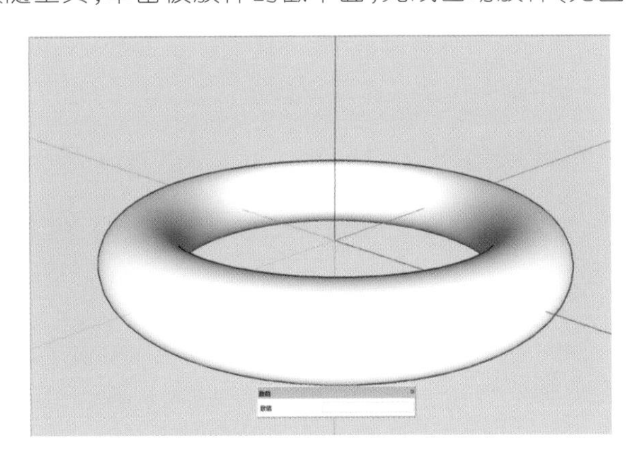

图 4-35　完成路径跟随操作

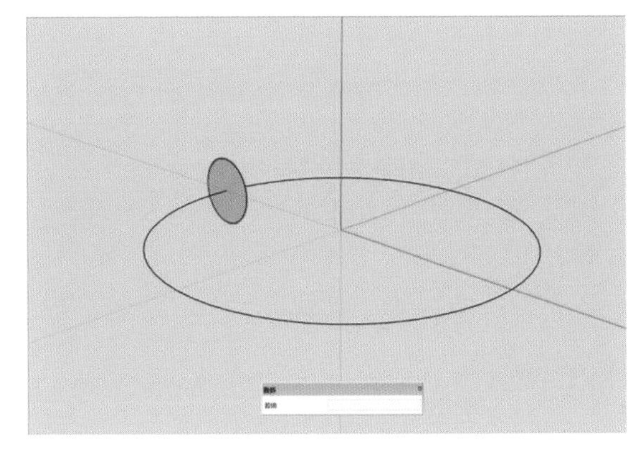

图 4-36　选择放样路径

要使用路径跟随工具绘制旋转面，首先使用画圆工具绘制圆并绘制任一垂直于圆平面的图形，圆的边线作为放样路径（见图 4-38），再使用以上方法沿圆路径进行放样，完成路径跟随操作（见图 4-39）。

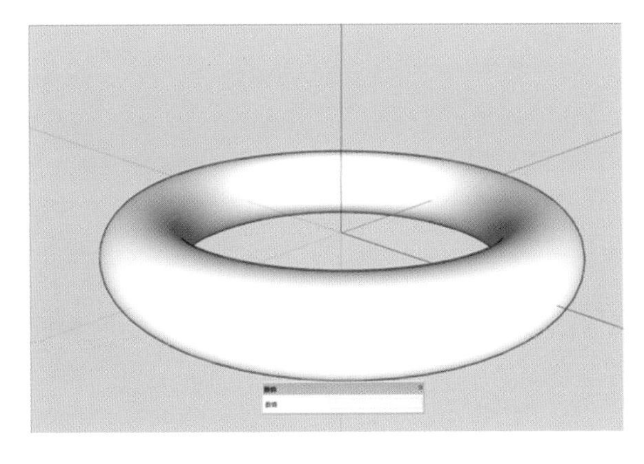

图 4-37　完成自动放样

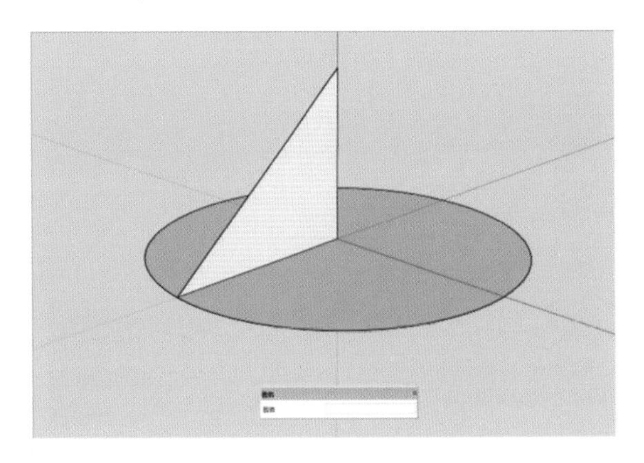

图 4-38　绘制路径边线和截平面

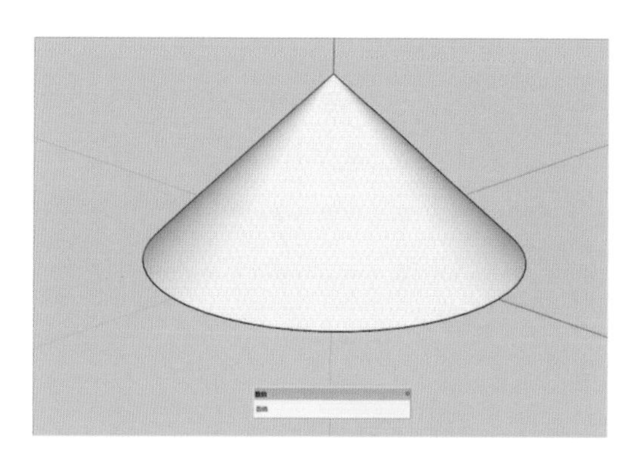

图 4-39　绘制旋转面

第二节
室外景观小品绘制与欣赏

本部分主要通过对室外景观小品建模的讲解来培养学习者的三维建模能力，使其能综合利用 SketchUp 绘图工具和编辑工具来完成复杂三维模型的建模。

一、室外景观小品建模

（一）景观长椅建模

1. 操作思路

绘制景观长椅模型，首先用绘图工具绘制椅子的腿部，然后用绘图工具绘制椅子的椅面部分。

2. 操作步骤

（1）单击【矩形】工具按钮或按快捷键【R】，绘制一个尺寸为 500 mm×150 mm 的矩形（见图 4-40）。

（2）单击【圆弧】工具按钮或按快捷键【A】，将矩形的其中一条长边转换为弧线，弧高为 150 mm，使用选择工具选中中间多余的直线，按【Delete】键删除（见图 4-41）。

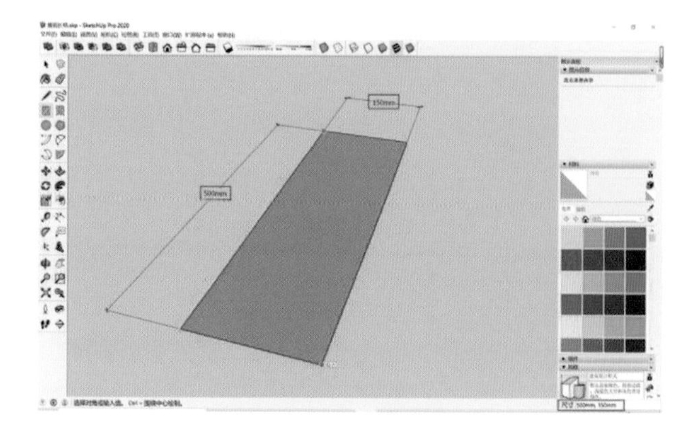

图 4-40　绘制矩形

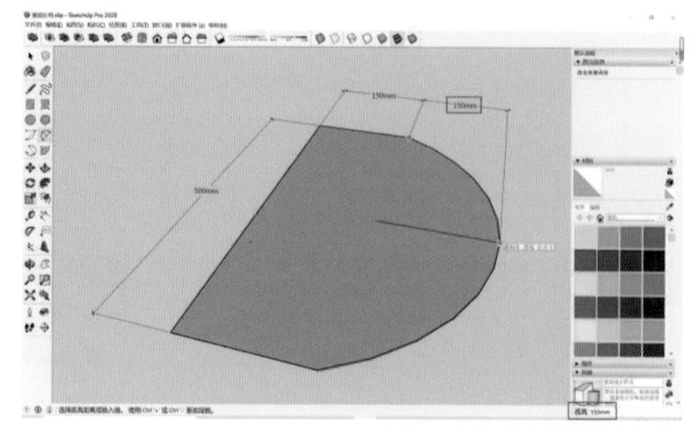

图 4-41　绘制圆弧

(3)单击【推/拉】工具按钮◆或按快捷键【P】,将不规则图形向上推出 450 mm 并成组,完成椅腿的绘制(见图 4-42)。

(4)单击【移动】工具按钮✥或按快捷键【M】,将椅腿沿水平方向移动 1600 mm(见图 4-43)。

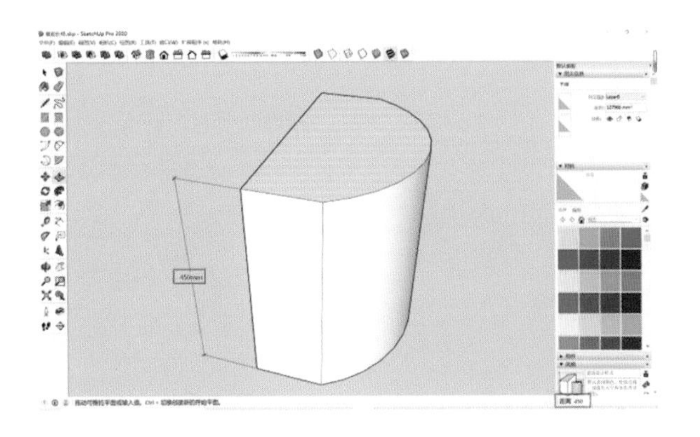

图 4-42　推拉成椅腿

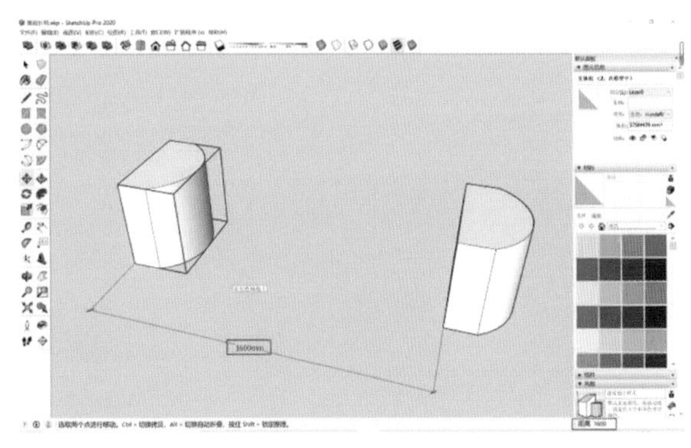

图 4-43　移动椅腿

(5)单击【缩放】工具按钮或按快捷键【S】,将左侧物体沿中心进行缩放,鼠标选中水平中心点后按【Ctrl】键,输入−1,完成镜像操作(见图 4-44)。

(6)单击【矩形】工具按钮或按快捷键【R】,在两椅腿之间绘制一个尺寸为 1300 mm×500 mm 的矩形(见图 4-45)。

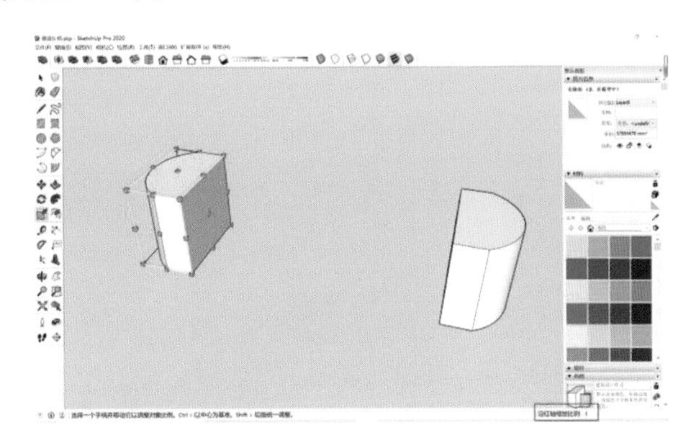

图 4-44　完成镜像操作

图 4-45　绘制矩形

(7)选中矩形平面,单击【偏移】工具按钮或按快捷键【F】,将矩形向内偏移 20 mm 并删除中间的平面(见图 4-46)。

(8)选中方框平面,单击【推/拉】工具按钮◆或按快捷键【P】,将该平面向下推出 100 mm 并成组(见图 4-47)。

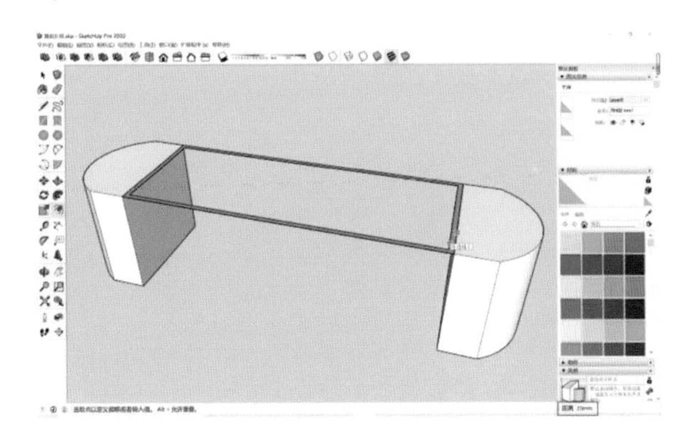

图 4-46　偏移矩形平面

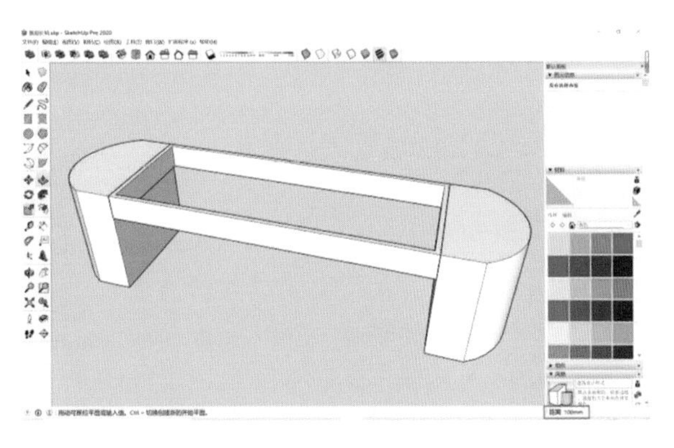

图 4-47　推拉方框平面

(9)单击【矩形】工具按钮或按快捷键【R】,在方框内绘制一个尺寸为 100 mm×460 mm 的矩形(见图 4-48)。

(10)选中矩形平面,单击【推/拉】工具按钮或按快捷键【P】,将该平面向下推出 30 mm 并成组(见图 4-49)。

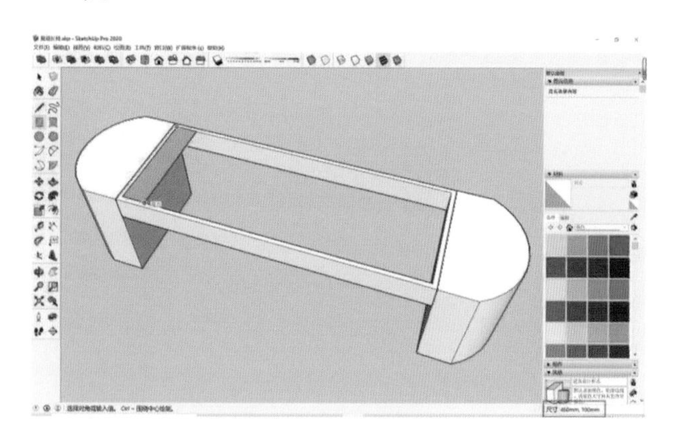

图 4-48　绘制长椅椅面

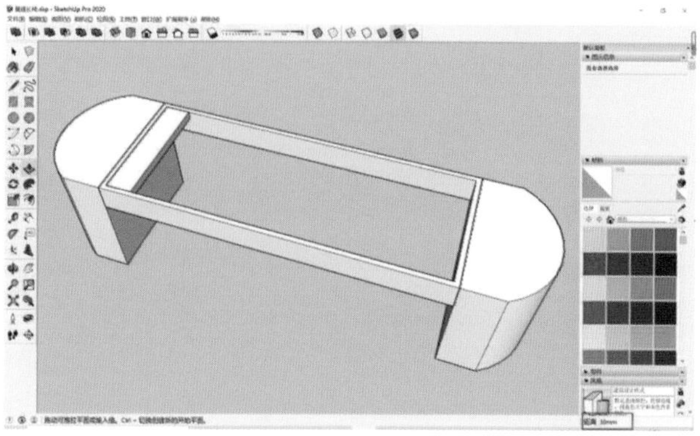

图 4-49　推拉平面

(11)单击【移动】工具按钮或按快捷键【M】,同时按【Ctrl】键,将矩形体块水平移动复制到方框的最右端,输入 11/,将方框平均分成 11 份(见图 4-50)。

(12)单击【材质】工具按钮或按快捷键【B】,将模型分别赋予木材、不锈钢、石材等材质并最终成组(见图 4-51)。

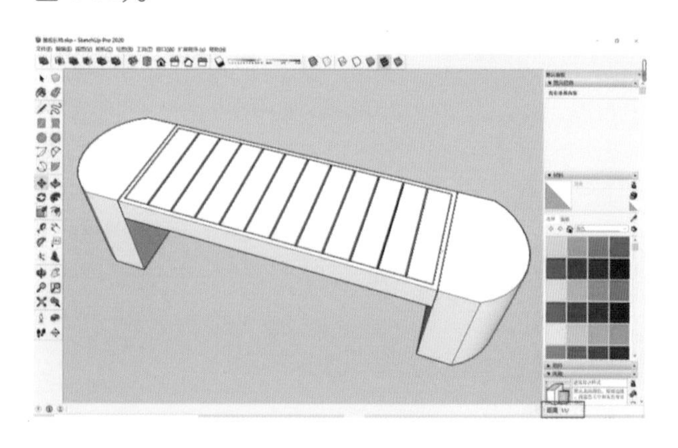

图 4-50　移动复制

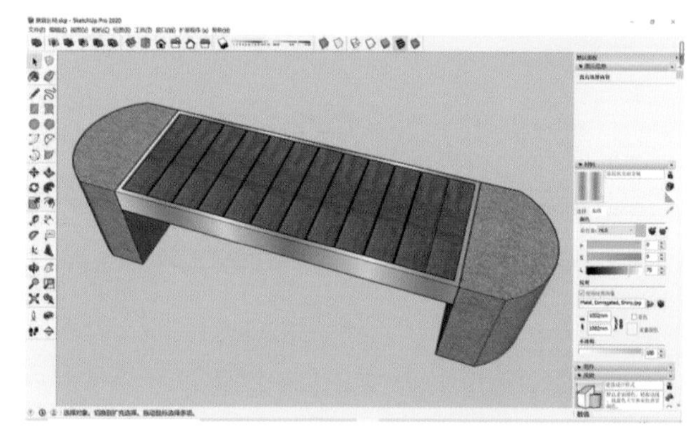

图 4-51　赋予材质,完成建模

(二)现代花池建模

1. 操作思路

绘制现代花池模型,首先用直线工具等绘制路径以及对图形进行放样,然后用绘图工具绘制花池内部部分。

2. 操作步骤

(1)单击【直线】工具按钮或按快捷键【L】,绘制三边分别为 6000 mm、4000 mm、5292 mm 的三角形且其中一角为 60 度(见图 4-52)。

(2)单击【卷尺工具】按钮或按快捷键【T】,分别将三个边向内偏移 600 mm,作为辅助线(见图 4-53)。

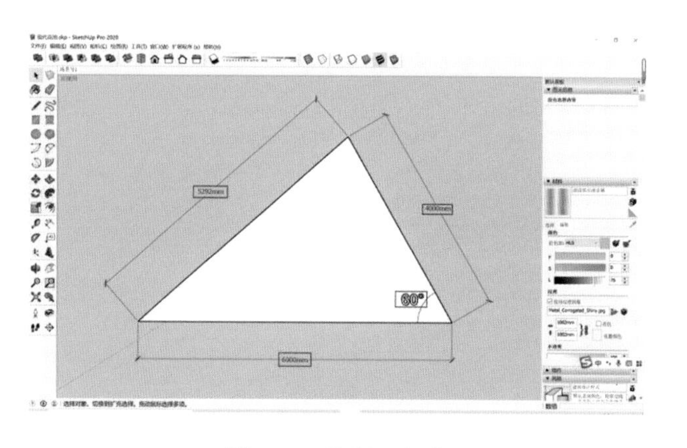

图 4-52 绘制三角形

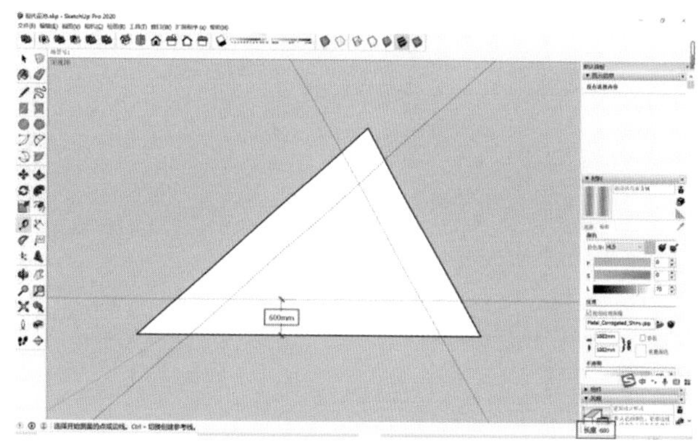

图 4-53 绘制辅助线

(3)单击【圆弧】工具按钮或按快捷键【A】,分别以辅助线的交点为圆心绘制圆弧,圆弧与三角形两边相切(见图 4-54)。

(4)选中平面,按【Delete】键,将多余的参考线及中间的面删除,保留边线作为放样路径(见图 4-55)。

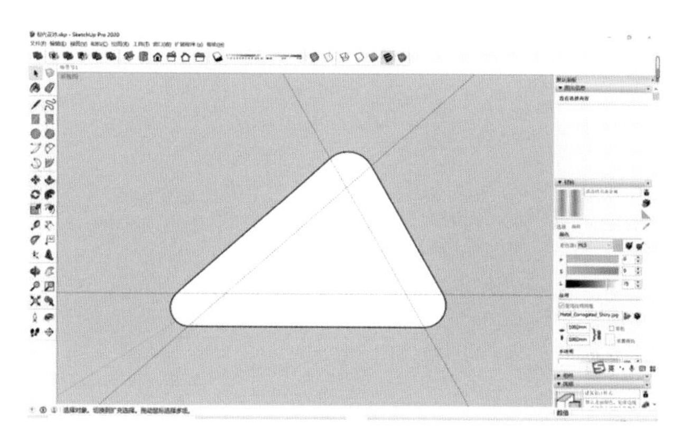

图 4-54 圆角处理

图 4-55 删除平面

(5)单击【矩形】工具按钮或按快捷键【R】,绘制一个 850 mm×650 mm 的垂直于路径的矩形作为放样面(见图 4-56)。

(6)单击【卷尺工具】按钮或按快捷键【T】,在放样面上做辅助线,垂直线间的距离为从左至右 250 mm、300 mm、200 mm、100 mm,水平线间的距离为从上至下 250 mm、400 mm(见图 4-57)。

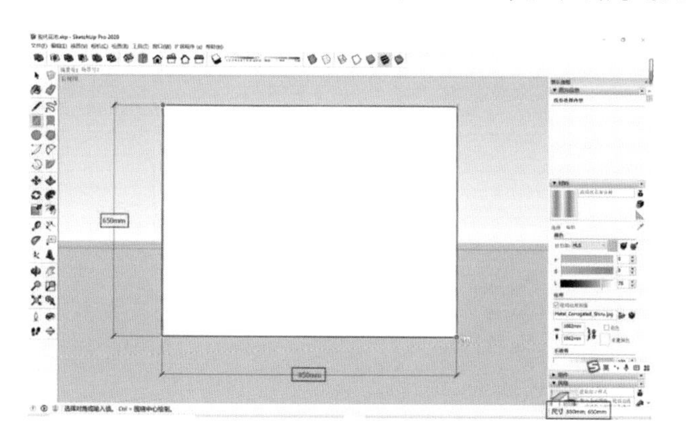

图 4-56 绘制矩形

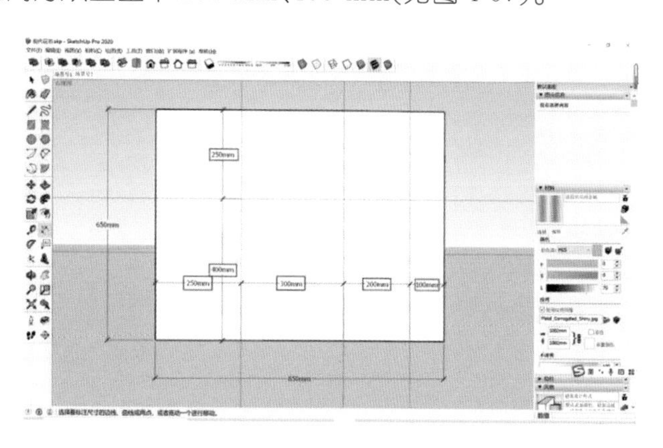

图 4-57 绘制辅助线

(7)单击【直线】工具按钮或按快捷键【L】,将辅助线进行连接(见图 4-58)。

(8)单击【圆弧】工具按钮 或按快捷键【A】,对交点进行圆角处理,弧度自行确定(见图 4-59)。

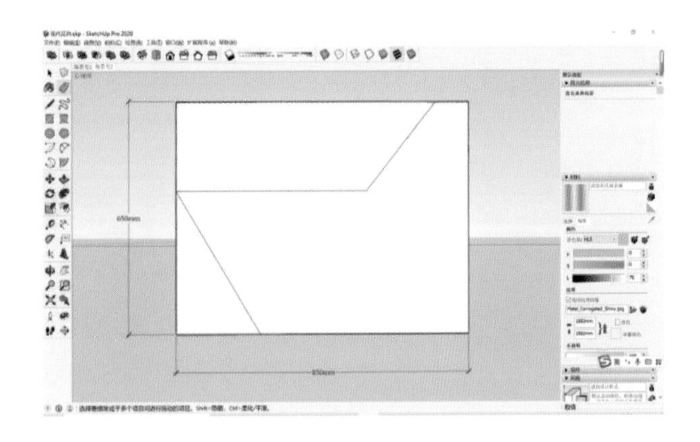

图 4-58 连接辅助线

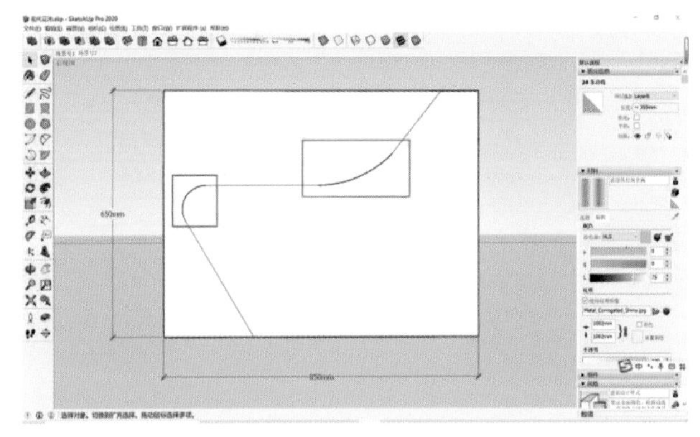

图 4-59 圆角处理

(9)选中多余平面,按【Delete】键,将多余平面和线条删除,保留放样图形(见图 4-60)。

(10)选中放样线段(见图 4-61),单击【路径跟随】工具按钮 ,再次点击放样图形,完成操作(见图 4-62)。

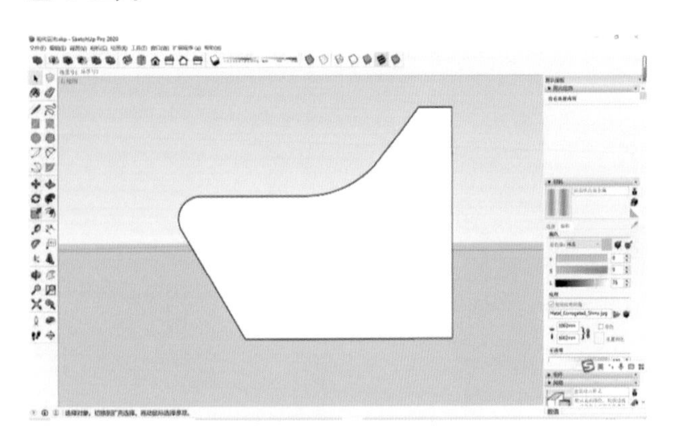

图 4-60 删除多余面、线

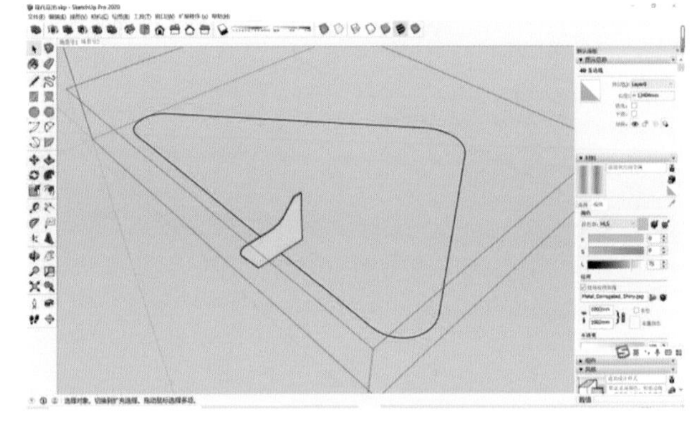

图 4-61 选中放样线段

(11)单击【直线】工具按钮 或按快捷键【L】,对模型中间底部进行补面并成组(见图 4-63)。

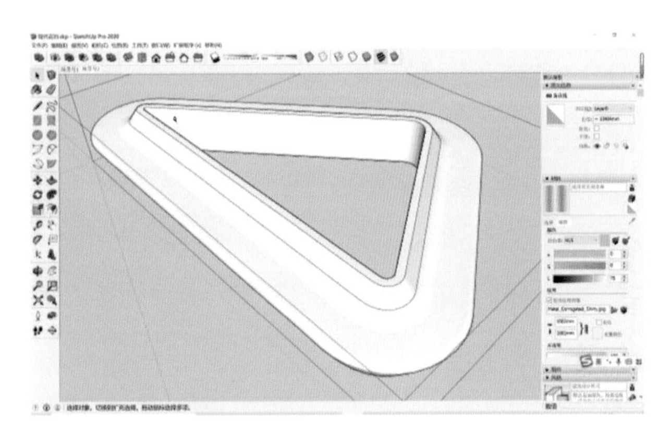

图 4-62 完成路径跟随

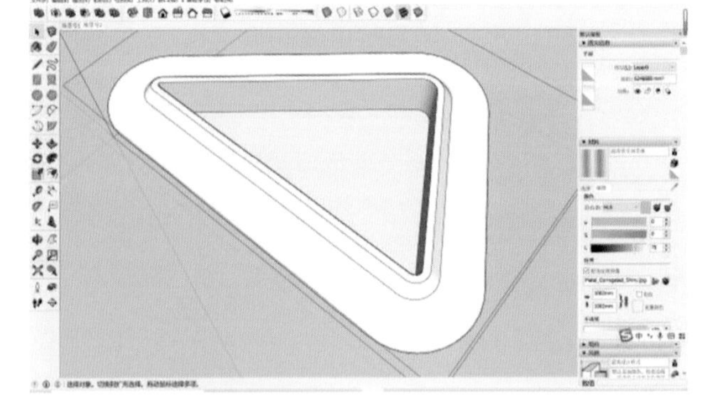

图 4-63 补面

(12)选中中间的平面,单击【推/拉】工具按钮 或按快捷键【P】,将中间面向上推出 600 mm(见图 4-64)。

(13)单击【材质】工具按钮 或按快捷键【B】,给模型分别赋予草坪等材质并最终成组(见图 4-65)。

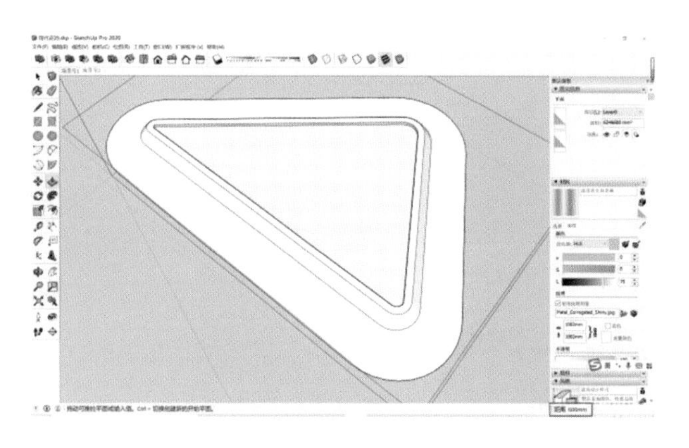

图 4-64　推拉成体

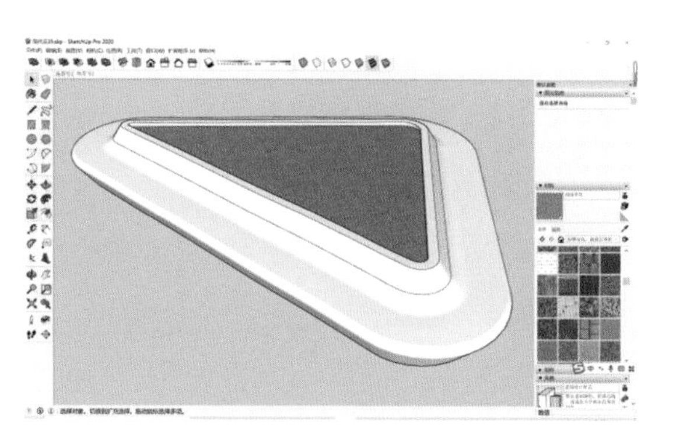

图 4-65　赋予材质，完成建模

二、景观小品欣赏

景观小品效果图欣赏(见图 4-66 至图 4-72)。

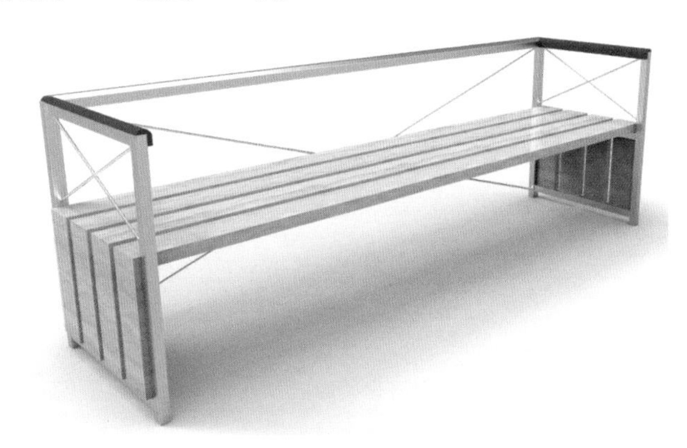

图 4-66　景观长椅(设计与表现：单宁)

图 4-67　双流九江鸡鱼馆“象棋”景观小品(设计与表现：单宁)

图 4-68　建国 70 周年景观小品

图 4-69　景观小品(表现:单宁)

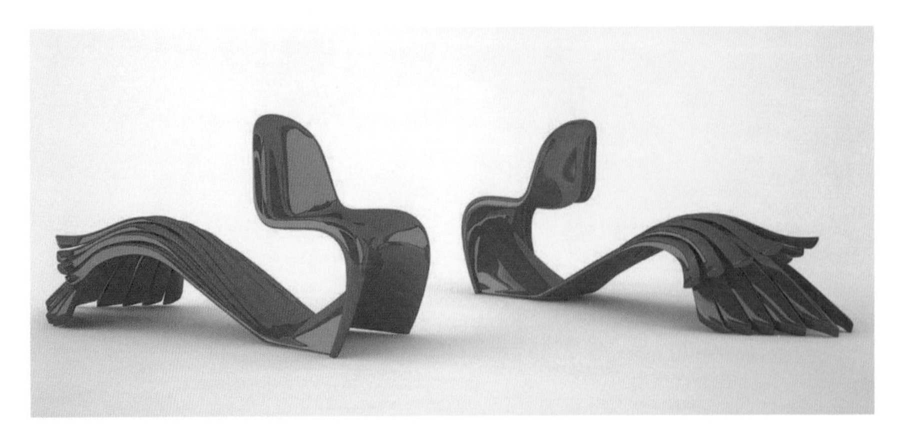

图 4-70　景观椅设计(学生:邱蕾,单宁指导)

图 4-71　自行车停放设施设计(学生:柏钦瀚,单宁指导)

图 4-72　川流不息公共座椅设计(学生:何钰,单宁指导)

实训项目二:SketchUp 室外景观小品建模与表现

【实训目的】

掌握 SketchUp 2020 单体室外景观小品建模与表现的技巧与方法。要求模型尺度准确,制作精细,材质真实且富有质感,整体表现效果突出。

【实训内容】

室外景观小品的建模与表现。

【融入思政内容】

挖掘课程中的中国传统文化精髓,传承与创新中国传统文化和红色文化并在三维软件室外景观小品建模与表现中运用。在课程设计中制作具有中国传统文化元素或红色文化元素的景观小品,让学生感受传统文化的魅力，建立文化自信，同时弘扬我国优秀的传统文化。使学生在学习运用三维软件完成景观小品建模与表现的学习过程中，对继承、发扬、丰富和发展中国传统文化有比较全面且深刻的探讨与研究。

【考核办法和要求】

(1)能独立完成室外景观小品模型的绘制，并掌握相关技法；

(2)景观小品单体模型尺寸准确，满足功能与形式要求；

(3)完成 6 个室外景观小品的建模与表现；

(4)KeyShot 材质真实，渲染效果突出。

第五章

SketchUp建筑工具与漫游工具

本章概述

本章将针对 SketchUp 建筑工具与漫游工具进行详细讲解。通过上一章节编辑工具的学习,完成复杂物体的绘制与编辑的同时,还需掌握建筑工具与漫游工具这类辅助绘图工具。第一节对 SketchUp 的卷尺工具、量角器工具、坐标轴工具、尺寸标注工具、文字标注工具、三维文本工具进行介绍,第二节对 SketchUp 漫游工具中的定位镜头、漫游工具进行介绍,使学生对 SketchUp 的建筑工具与漫游工具的基本功能有所了解与掌握。

学习目标

使学生了解 SketchUp 的编辑工具与漫游工具有哪些;同时,掌握卷尺工具、量角器工具、坐标轴工具、尺寸标注工具、文字标注工具、三维文本工具、定位镜头、漫游工具的用法,为下一阶段的学习奠定建模基础。

第一节 SketchUp 建筑工具的操作

SketchUp 建筑工具主要包括卷尺工具、量角器工具、坐标轴工具、尺寸标注工具、文字标注工具、三维文字工具。SketchUp 建筑工具的主要优点是可用于辅助三维建模,使用者可利用建筑工具对其模型进行标注、解释等辅助说明,有利于对建模的理解与运用。

一、卷尺工具

单击【卷尺工具】按钮或按快捷键【T】,即可启动卷尺命令。

卷尺工具可以执行一系列与尺寸相关的操作,其中包括两点之间距离的测量、辅助线的绘制等。

(1)测量命令。激活卷尺工具,单击鼠标左键,拾取一点作为测量的起点,此时拖动鼠标会出现虚线,其颜色跟随平行坐标轴的改变进行变化,在数值栏实时显示测量的距离尺寸,再次单击确定测量的终点后,两点之间的距离尺寸显示在数值栏中,完成测量(见图 5-1)。

(2)辅助线命令。卷尺工具可以绘制出精确尺寸的辅助线,且该线可无限延长,对于后期精确建模十分有益。

激活卷尺工具,在物体边线上单击鼠标左键,拾取一点作为辅助线的起始参考点,此时画面上出现一条辅助线(虚线)跟随光标移动,同时光标右下方显示辅助线与起始参考点之间的距离,最后单击鼠标左键或在数值栏输入固定数值,即可完成辅助线的绘制(见图 5-2)。

注:在边线上使用卷尺工具时结合【Ctrl】键,可以只进行测量而不产生辅助线;激活卷尺工具后,直接在模型某条边线上双击,即可绘制一条与该线重合且无限延长的辅助线。

二、量角器工具

单击【量角器】工具按钮,即可启动量角器命令。

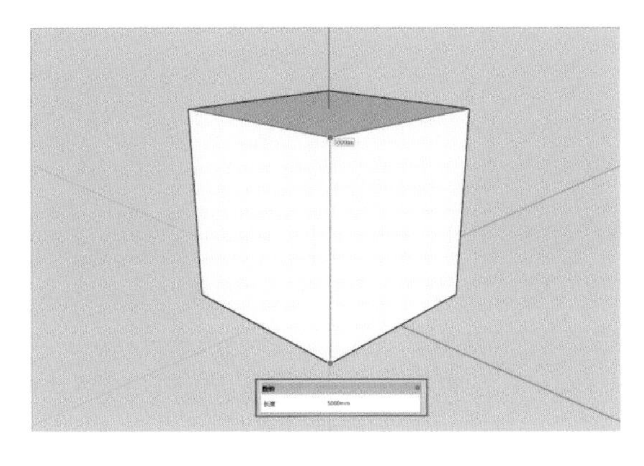

图 5-1　测量命令

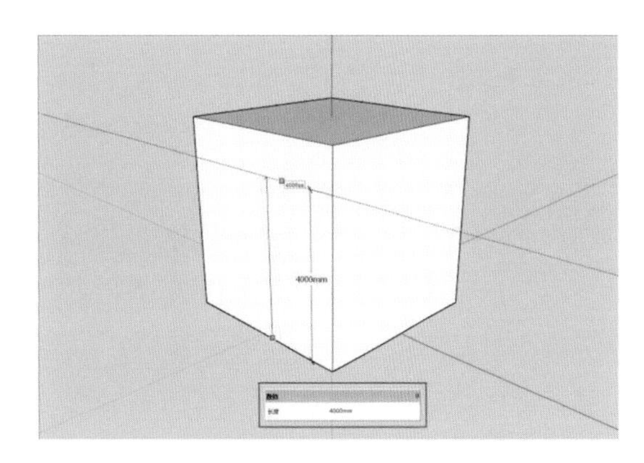

图 5-2　辅助线命令

量角器工具可以测量角度，也可以创建辅助线。

(1)测量角度。激活量角器工具，光标呈现“量角器”样式，使量角器的中心与待测角的顶点重合(见图 5-3)，单击鼠标左键，确定待测角的起始边，拖动鼠标旋转量角器，捕捉待测角的第二条边，再次单击鼠标左键，完成角度测量，角度值显示在数值栏中(见图 5-4)。

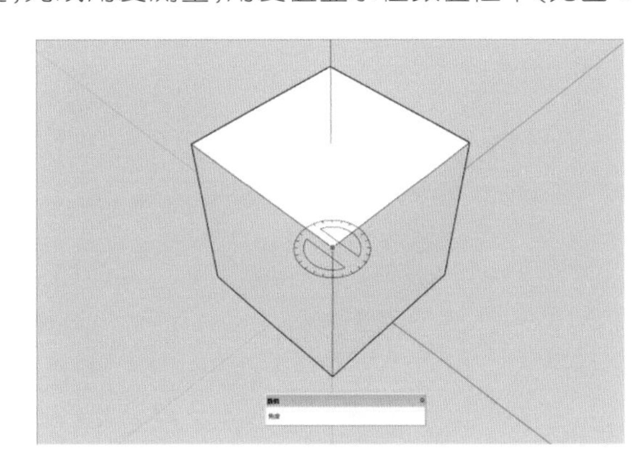

图 5-3　确定顶点

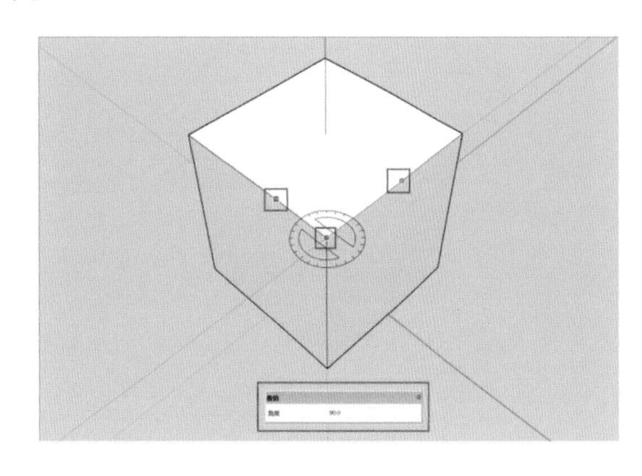

图 5-4　完成测量

注：在操作量角器工具的过程中，随着测量面不同，“量角器”呈现不同色彩。例如，蓝色量角器垂直于 Z 轴，绕 X、Y 轴形成的平面旋转。可按【Shift】键，将量角器锁定在相应平面上。

(2)角度辅助线。激活量角器工具，光标呈现“量角器”样式，单击设置量角器中心(见图 5-5)，在已有的边线或线段上单击确定，将量角器的基线对齐到已有边线上，此时出现一条新的辅助线，移动光标到相应位置，在数值栏中输入角度(见图 5-6)，按【Enter】键完成角度辅助线的创建(见图 5-7)。

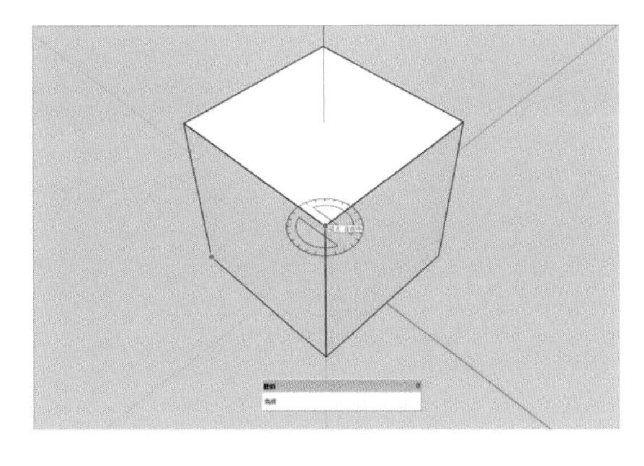

图 5-5　确定中心点

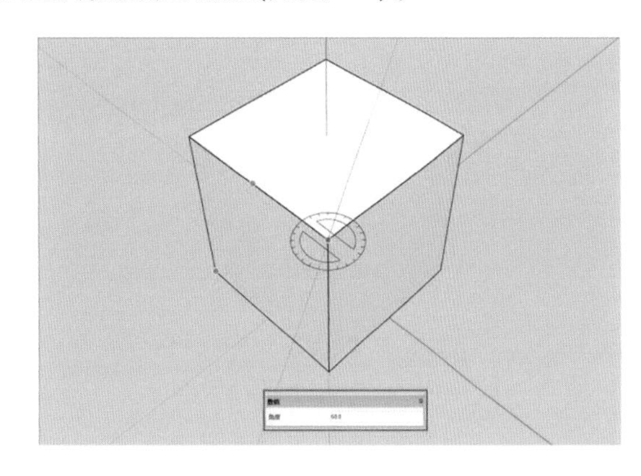

图 5-6　输入角度

三、坐标轴工具

单击【坐标轴】工具按钮，即可启动坐标轴命令。

坐标轴工具可以在斜面上重设坐标系，以便后期精确绘图。

运行 SketchUp 后，在绘图区会显示坐标轴，它由红、绿、蓝轴共同组成，分别代表 X 轴(红)、Y 轴(绿)、Z 轴(蓝)，三轴相互垂直相交，交点为坐标原点。以上三轴组成了 SketchUp 的三维空间(见图 5-8)。

(1)重设坐标轴。激活坐标轴工具，光标呈现“坐标系”样式(见图 5-9)，拖动光标至新坐标系的原点位置，确定新的坐标原点后，单击鼠标左键，确定 X 轴方向，然后确定 Y 轴方向，最后确定 Z 轴方向，完成坐标轴的重置(见图 5-10)。

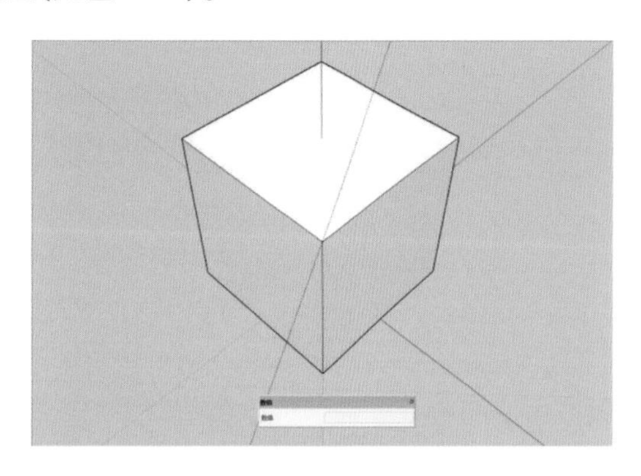

图 5-7　完成角度辅助线

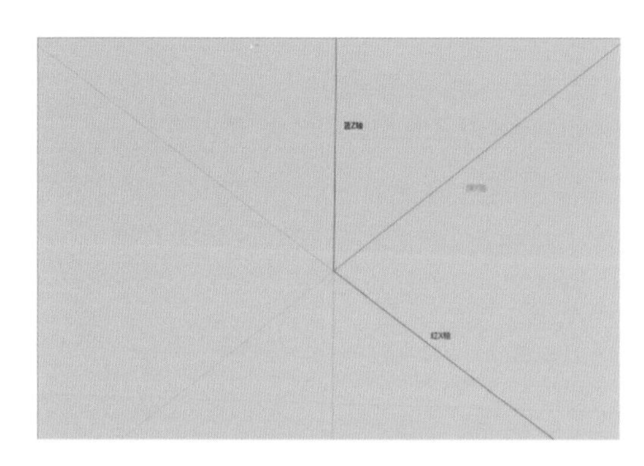

图 5-8　坐标轴

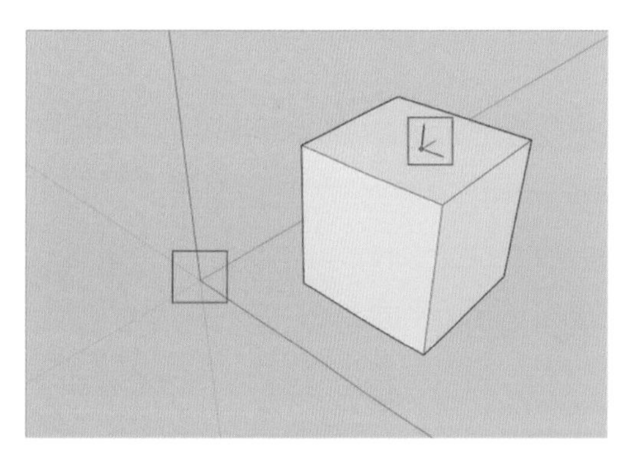

图 5-9　激活坐标轴工具

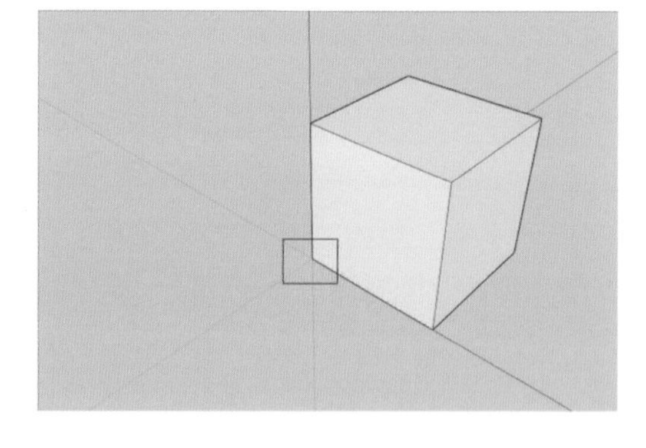

图 5-10　重置坐标轴

注：重置坐标轴后，新的坐标轴将平行于新的平面，若该面是倾斜的，则绘制的图形将与倾斜表面平行。

(2)隐藏坐标轴。为了方便后期观察绘图区，执行菜单命令，可点击菜单栏中的【视图】选项，将【坐标轴】前的“√”取消，即可完成坐标轴的隐藏(见图 5-11)。

用鼠标右键点击坐标轴，通过右键快捷菜单命令，可对坐标轴进行放置、移动、重设、对齐视图、隐藏等操作(见图 5-12)。

四、尺寸标注工具

单击【尺寸】工具按钮，即可启动尺寸标注命令。

尺寸标注工具可以对模型进行尺寸标注。

可通过菜单栏选择【窗口】→【模型信息】→【尺寸】，进行尺寸标注样式的设置(见图 5-13、图 5-14)。

图 5-11 显示与隐藏坐标轴

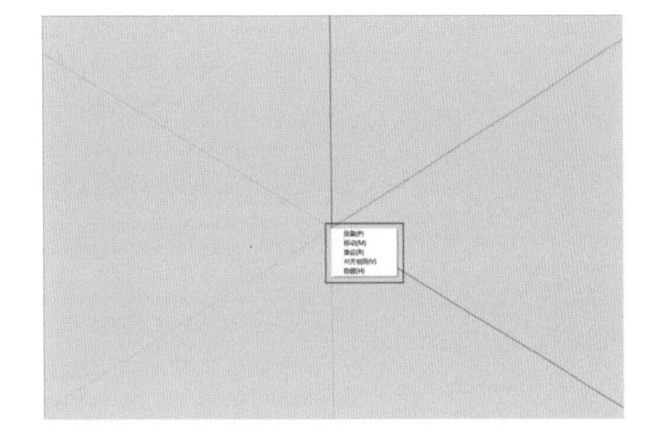

图 5-12 坐标轴快捷菜单命令

图 5-13 打开【模型信息】

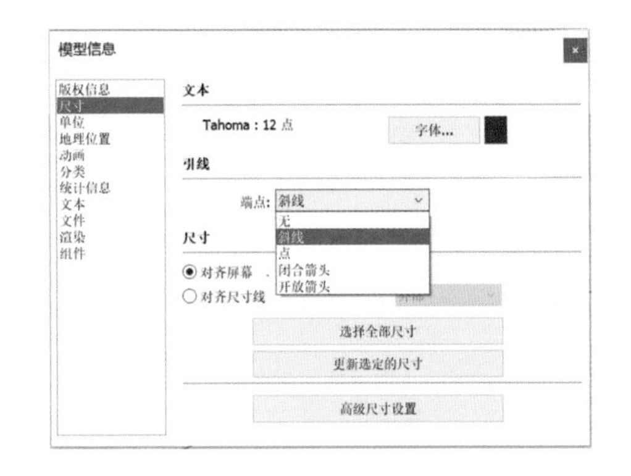

图 5-14 设置尺寸标注样式

(一)线段标注

激活尺寸标注工具，依次单击线段两个端点，接着拖动鼠标向标注方向移动一定距离，再次单击鼠标左键，确定标注线所在位置(见图 5-15)。

(二)直径标注

激活尺寸标注工具，单击所要标注的圆，拖动鼠标向标注方向移动一定距离，再次单击鼠标左键，确定标注线所在位置(见图 5-16)。

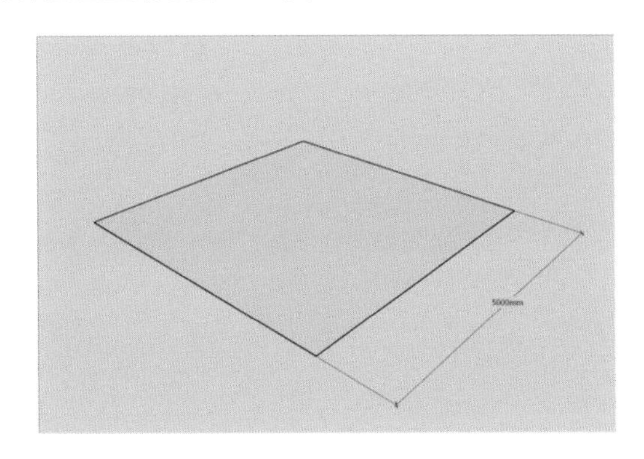

图 5-15 线段标注

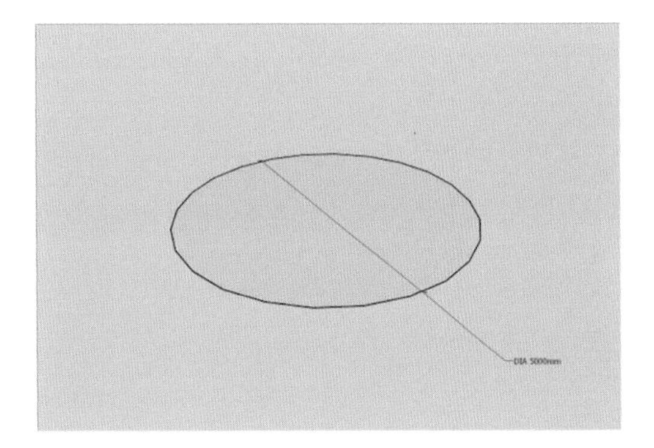

图 5-16 直径标注

(三)半径标注

激活尺寸标注工具，单击所要标注的圆弧，拖动鼠标向标注方向移动一定距离，再次单击鼠标左键，确定标注线所在位置(见图 5-17)。

注:在半径标注过程中点击鼠标右键,执行【类型】命令,可实现半径与直径选项的相互转换(见图 5-18)。

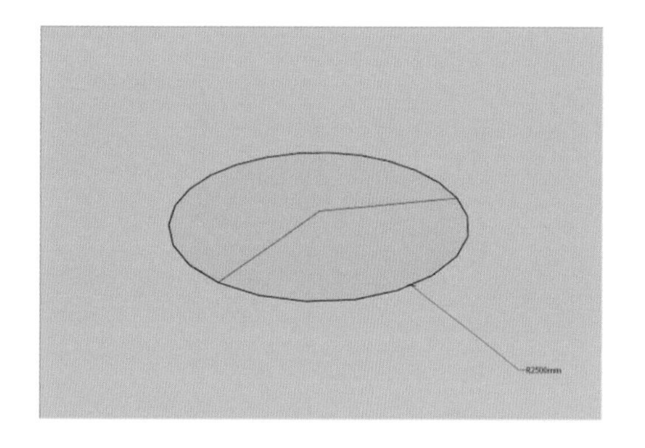

图 5-17　半径标注

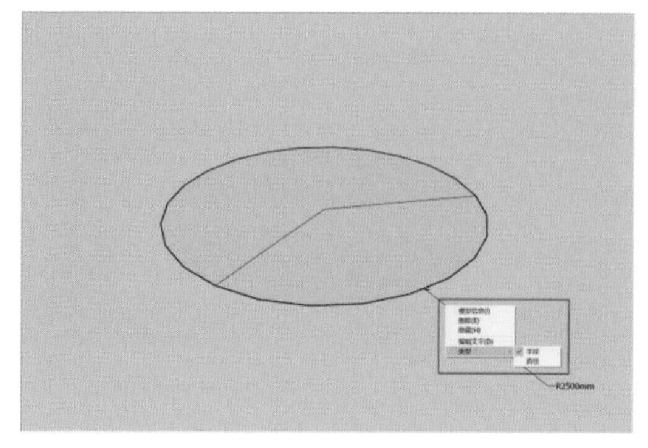

图 5-18　类型转换

五、文字标注工具

单击【文字】工具按钮,即可启动文字标注命令。

文字标注工具可以将文字插入模型中,插入的文字类型主要有引线文字和屏幕文字两类。在【模型信息】管理器的【文本】面板中可设置文字和引线样式,其中包括引线样式、引线断点、字体类型和颜色等(见图 5-19)。

(1)引线文字。激活文字标注工具,在模型实体中单击确定引线初始位置,接着拖动鼠标向引注方向移动一定距离,在合适的位置单击鼠标左键,确定文本框位置,最后在文本框中输入文字并按【Enter】键两次,完成引线文字标注操作(见图 5-20)。

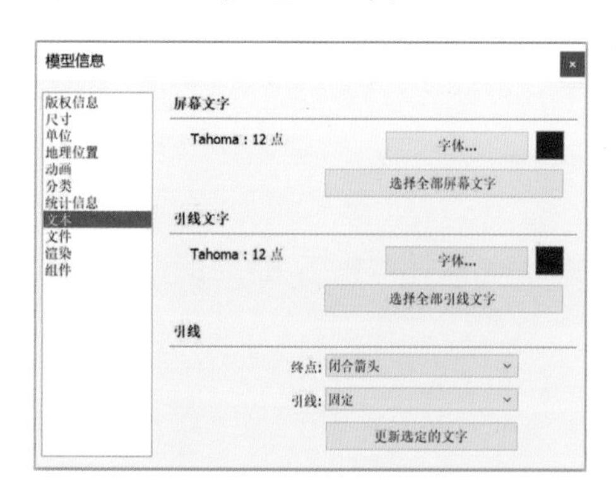

图 5-19　【文本】面板

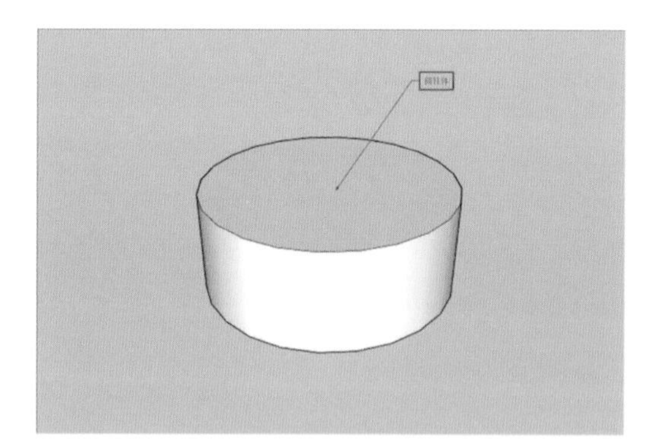

图 5-20　引线文字

注:在引线文字标注过程中,在不同位置单击,引出的标注信息也会不同。例如,在平面单击,引注出该平面默认面积;在端点点击,引注出该点三维坐标系。

(2)屏幕文字。激活文字标注工具,在绘图区空白处单击鼠标左键,接着在弹出的文本框中输入文字,最后在空白处单击,完成文字输入(见图 5-21)。

图 5-21　屏幕文字

六、三维文本工具

单击【三维文本】工具按钮，即可启动三维文本命令。

三维文本工具可以在场景中生成平面、立体以及可以单独控制的三维立体文字。

激活三维文本工具，弹出【放置三维文本】对话框(见图 5-22)，在其中输入所需文字内容，并设置文字相关样式，选择【放置】选项，即可将文字拖放至绘图区，最终确定生成文字并自动成组(见图 5-23)。

图 5-22 【放置三维文本】对话框

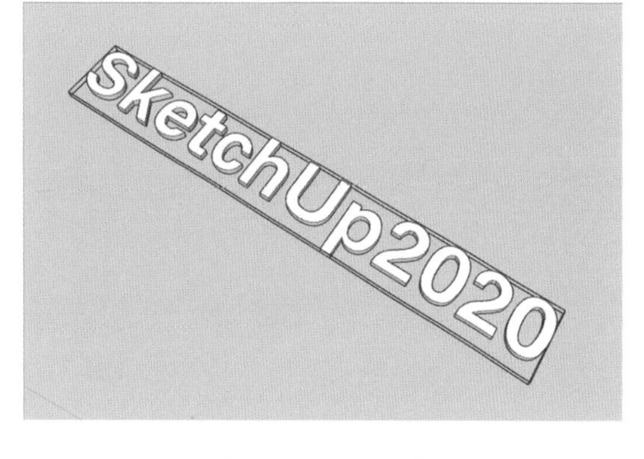

图 5-23 生成文字

【放置三维文本】对话框注解：

对齐方式：左、中、右选项，用于确定插入点的位置，表示该插入点位于文字的左下、中间、右下的位置。

高度：文字高度。

已延伸：文字受到推拉产生的实体厚度，在数值框中可输入对应数值来确定厚度。

填充：文字生成为面的对象，反之为线。

第二节
SketchUp 漫游工具的操作

SketchUp 漫游工具主要包括定位相机工具、漫游工具。SketchUp 漫游工具的优点在于简便易学，在全面观察视图中的模型的过程中，还可以固定视线高度，利用相机工具导出动画场景。

一、定位相机与绕轴旋转工具

单击【定位相机】工具按钮，即可启动定位相机命令。

定位相机工具按照具体位置、视点高度和方向定位相机视野，可以用于场景构图。

激活定位相机工具，弹出“人形”图样，在数值栏输入数值以确定视点高度，单击确定视点位置(见图 5-24)，则相机以视点位置为基点、以视点高度为水平点、以绘图区对应方向为方向进行场景构图(见图 5-25)。

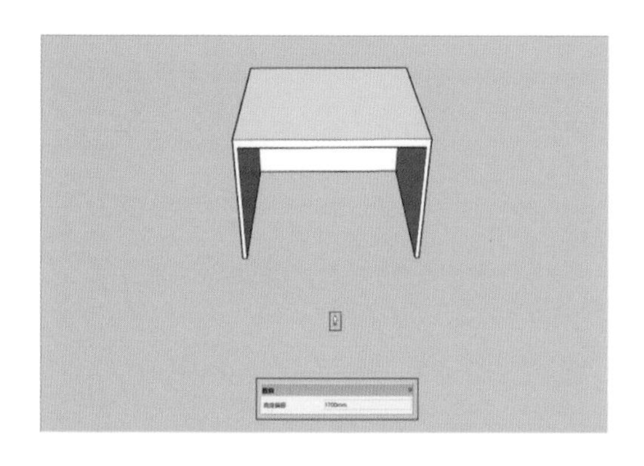

图 5-24 定位相机 1

图 5-25 完成场景构图 1

注:单击确定视点位置(人眼位置),随后拖动光标,其路径呈现虚线(见图 5-26),则相机从视点位置出发,沿路径方向进行场景构图(见图 5-27)。

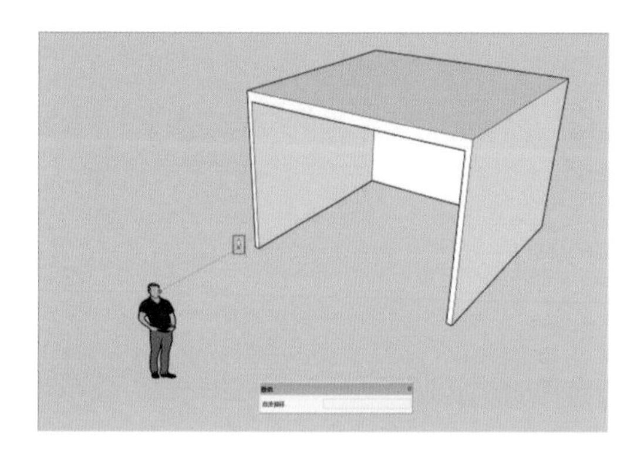

图 5-26 定位相机 2

图 5-27 完成场景构图 2

在完成定位相机之后,光标呈现【眼睛】样式,激活绕轴旋转工具。

使用绕轴旋转工具,以固定点为中心,单击旋转相机视野,确定最终场景构图。

二、漫游工具

单击【漫游】工具按钮,即可启动漫游命令。

漫游工具可以以相机为视角,进行模型场景漫游。

激活漫游工具,光标呈现"脚印"图样,单击确定,确定位置呈现"十"字符号(见图 5-28),同时拖动光标,光标在"十"以上时视角往前移动,光标在"十"左边时视角往左移动,光标在"十"以下时视角往后移动(光标距离"十"越远,视角移动速度越快,反之越慢)。

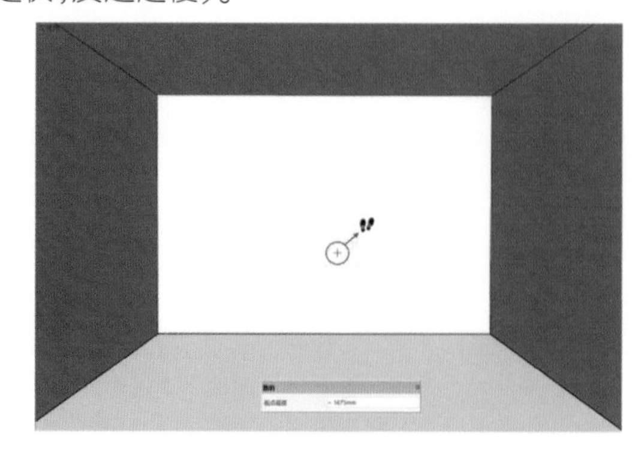

图 5-28 漫游工具

注:也可使用键盘上的【↑】、【↓】、【←】、【→】键进行视角的前后、水平移动操作,在此操作下,按【Ctrl】键实现加速移动,按【Alt】键实现穿墙漫游,按鼠标中键(滚轮键)可切换成绕轴旋转工具,按【Shift】+【↑】组合键实现视角高度抬升,反之降低。

思考题

1. 卷尺工具的主要功能是什么?
2. 量角器工具如何锁定轴?
3. 如何更改三维文本的大小?
4. 如何实现模型场景漫游?

第六章 SketchUp常用高级工具

本章概述

本章主要针对SketchUp的常用高级工具命令和SUAPP插件进行统一介绍和讲解，主要包括标记工具、阴影工具、截面工具、场景工具、组、沙箱工具、模型交错工具、实体工具、材质以及SUAPP的基本介绍。

学习目标

让学生深入了解SketchUp的常用高级工具命令，通过学习SketchUp高级工具的主要特点，熟悉并掌握SketchUp常用高级工具的操作功能，为后期SketchUp的渲染学习打下一个良好的基础。

第一节 SketchUp 高级工具

一、标记工具

（一）标记的添加、重命名与删除

在建模的时候，直接导入AutoCAD中建立的模型，该模型会自动显示在SketchUp的【标记】面板中。标记工具的主要作用是将场景物体分类显示或隐藏。点击【窗口】→【默认面板】→【标记】，调出【标记】面板，可以添加标记并进行重命名(见图6-1、图6-2)。

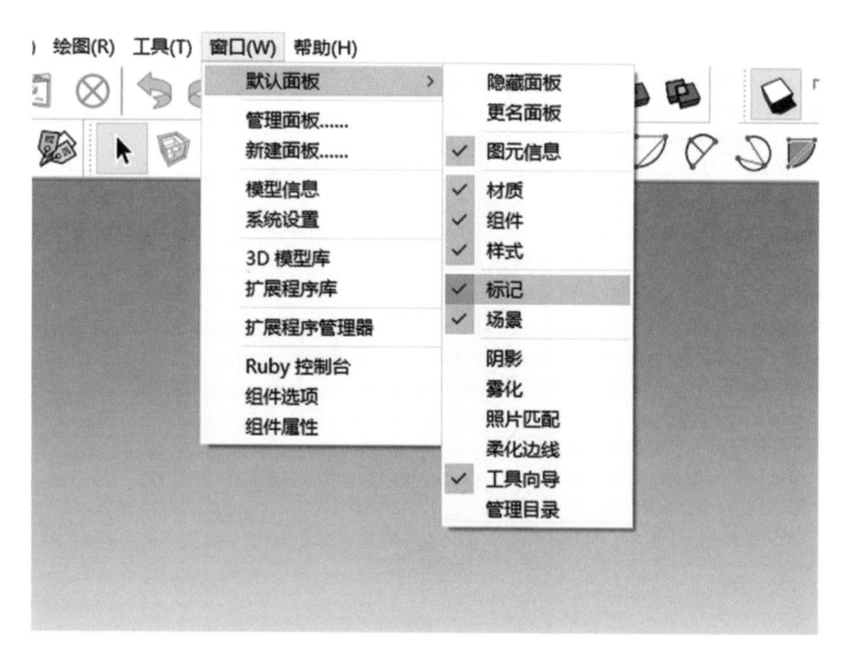

图6-1 标记工具

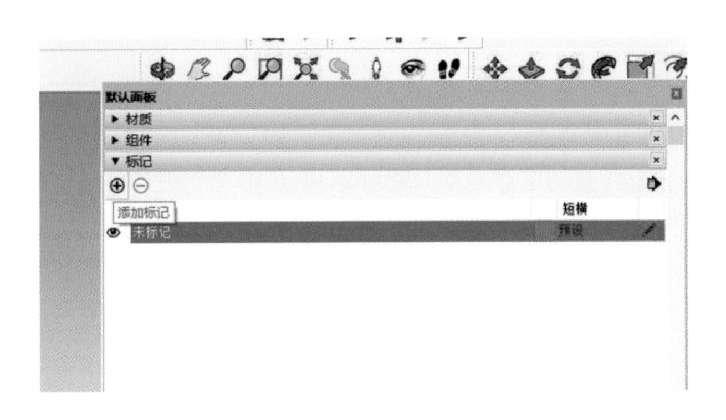

图 6-2　添加标记及重命名

(二)标记的显示与隐藏

如果隐藏标记被设置为当前,该标记会自动变成可见。若要查看对象所在标记,可以选择对象,点击鼠标右键,在弹出的菜单中选择【模型信息】(见图 6-3)。

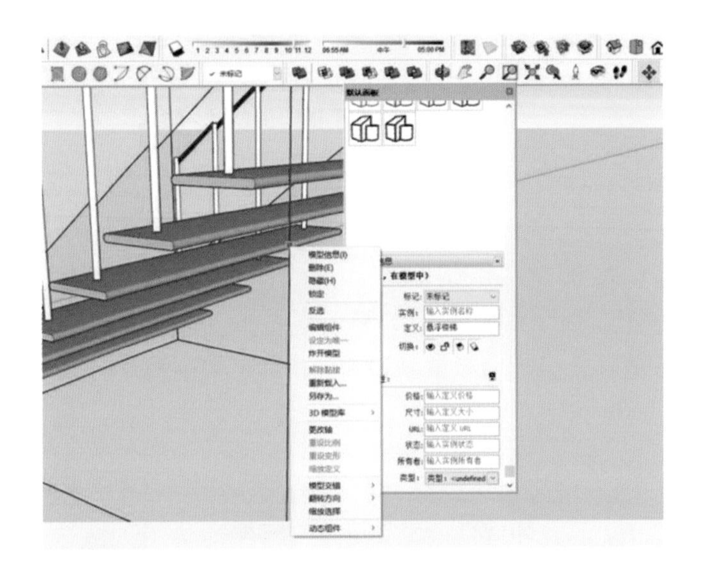

图 6-3　模型信息

(三)标记颜色

打开或新建一个 SketchUp 文件,打开【标记】面板,双击管理器中的红色小方块,弹出【编辑材质】对话框,可以对标记的颜色和透明度等进行修改(见图 6-4)。

图 6-4　标记颜色

(四)改变物体所在标记

选中物体,右击【模型信息】,在弹出的图元信息控制面板中,修改和管理物体所在的标记(见图 6-5)。

(五)标记清除

当画面标记信息较多时,可以点击【标记】面板右上角的【详细信息】,再点击【清除】,即可清除标记(见图 6-6)。

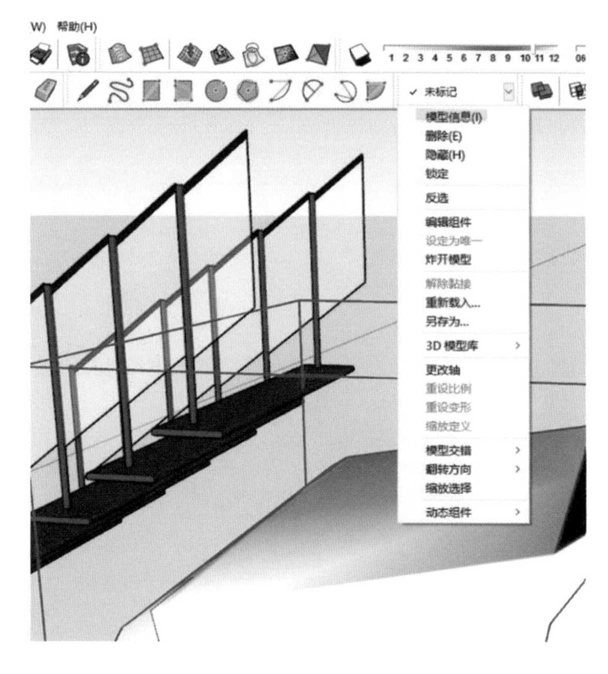

图 6-5 改变标记

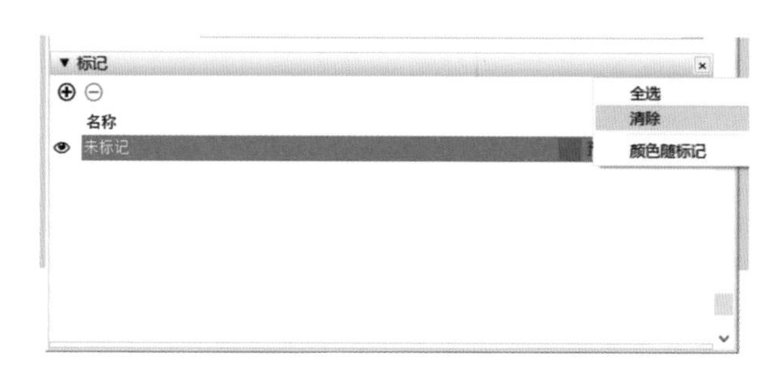

图 6-6 标记清除

(六)标记与组

属于同一个标记的物体可以在不同的组,同一个组也可以有不同标记的物体,两者是相对独立的组织管理系统(见图 6-7)。

二、阴影工具

阴影工具可以使模型更具立体感,并能实时模拟模型的日照效果。常用于模型建立后期光影效果的呈现。若要使用阴影工具,可点击【窗口】→【默认面板】→【阴影】(见图 6-8)。

(一)阴影工具的简单运用

点击【视图】→【工具栏】,在弹出的对话框中对【阴影】进行勾选。之后 SketchUp 界面就会弹出【阴影】工具栏,单击按钮,可切换模型中阴影的显示/隐藏。红色的滑动条用于设置阴影的日期,蓝色的滑动条用于设置阴影的时间(见图 6-9)。

设置好的阴影效果如图 6-10 所示。

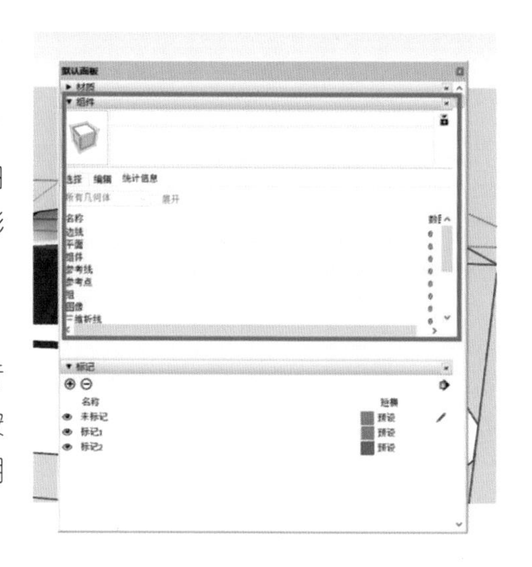

图 6-7 标记与组

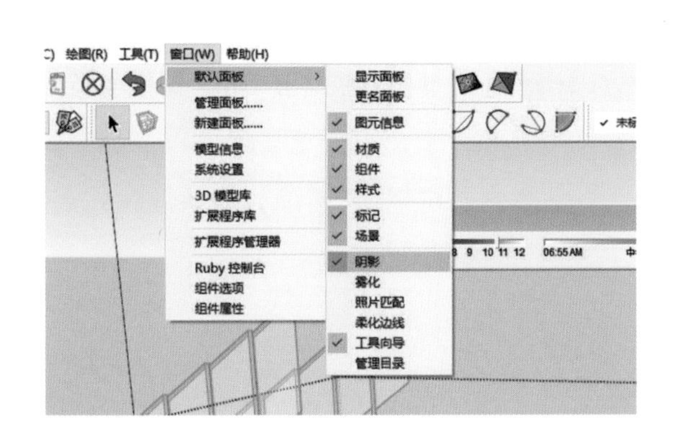

图 6-8 阴影工具

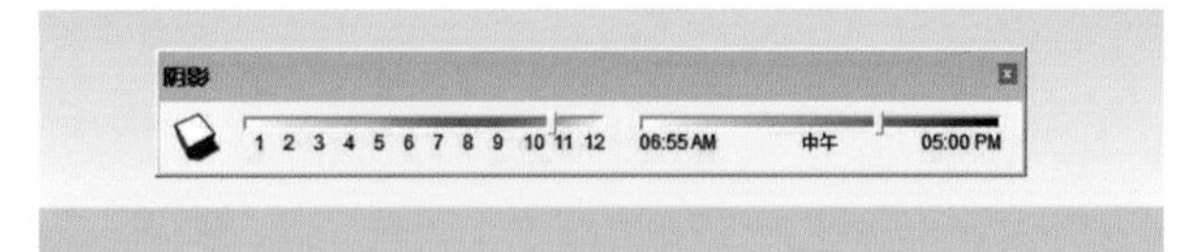

图 6-9 【阴影】工具栏

(二)阴影管理器

点击【窗口】→【默认面板】,可以在界面右侧的默认面板中找到阴影管理器。

阴影管理器主要用于控制光照的强度和环境光的强度。勾选“使用阳光参数区分明暗面”后,在不显示阴影的情况下,也能按场景光照表现物体表面的明暗关系。“在平面上”表示在平面上显示投影,“在地面上”表示在地面上投射阴影。勾选“起始边线”,则单独的边线也可产生投影。

图 6-10 阴影设置完成

三、截面工具

截面工具可以方便地为场景物体取得剖面效果,同时可以给剖切面赋予材质。场景物体在空间的位置以及与组和组件的关系决定了剖切效果。我们可以通过【视图】下的【工具栏】找到【截面】工具(见图 6-11)。

(一)显示剖面切割

调出【截面】工具栏,首先点击【显示剖面切割】按钮,然后点击【截面】工具栏里的第一个按钮,选取一个面把剖切面放置上去,绘制剖切面。剖切面画好后,我们可以使用移动工具,将剖切面沿剖切方向进行移动,这样便能看到剖切效果了(见图 6-12)。

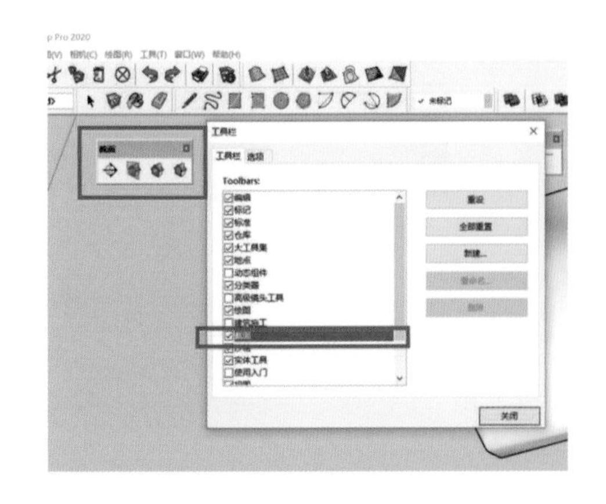

图 6-11 截面工具

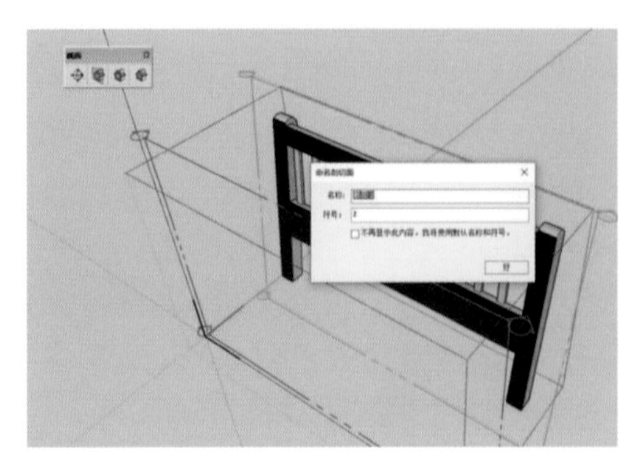

图 6-12 绘制剖切面

(二)编辑截面工具

可以用移动工具和旋转工具来操作和重新放置剖切面。在剖切面上点击鼠标右键,在关联菜单中选择【反选】,可以翻转剖切的方向。放置一个新的剖切面后,该剖切面会自动激活。可以在视图中放置多个剖切面(见图 6-13)。【截面】工具栏可以控制全局的剖切面以及剖面的显示和隐藏。

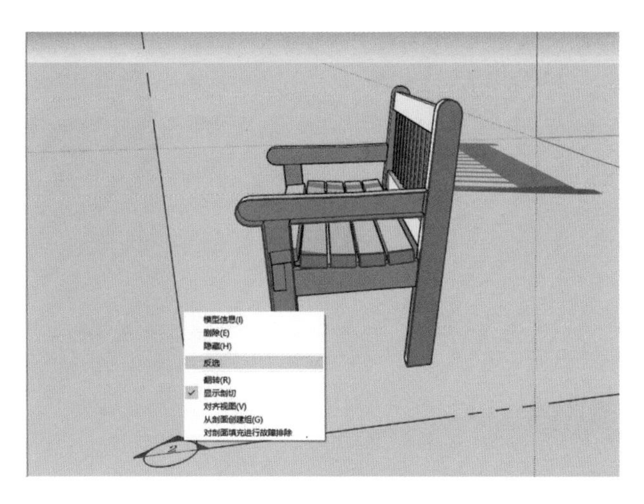

图 6-13 编辑截面工具

四、场景工具

用 SketchUp 建模之后,使用【添加场景】可以保存自己满意的视角,同时可以生成动画。通过场景可以将设置好的相机视图保存起来。场景也是 SketchUp 动画的重要工具,先生成整体模型,之后进行场景的设置,这样可以随时检查整体效果。(见图 6-14)

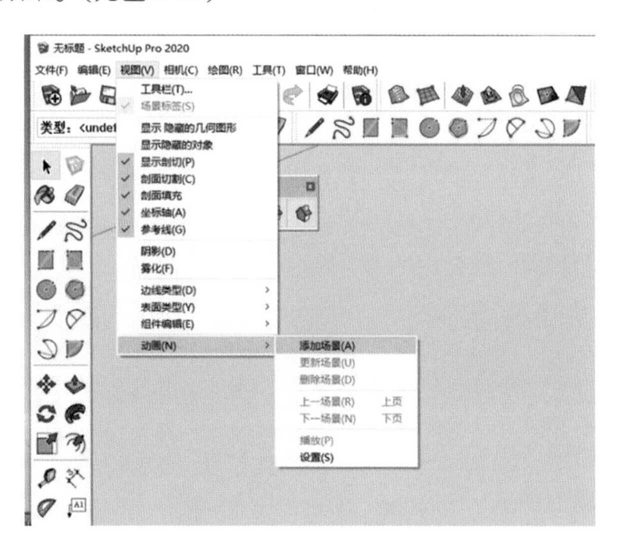

图 6-14 添加场景

(一)场景添加与删除

打开 SketchUp 文件。单击【视图】下的【动画】,选择【添加场景】,添加【场景号 1】,在画面中确定观察的位置。若想要删除场景,可以右击建立的【场景号 1】,选择【删除】即可(见图 6-15 和图 6-16)。

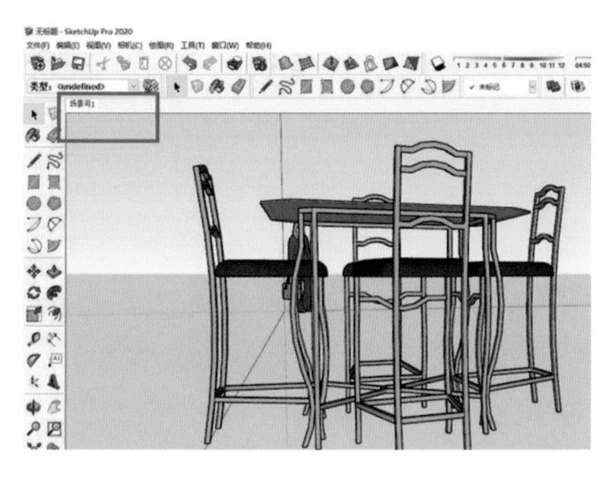

图 6-15　添加场景号 1

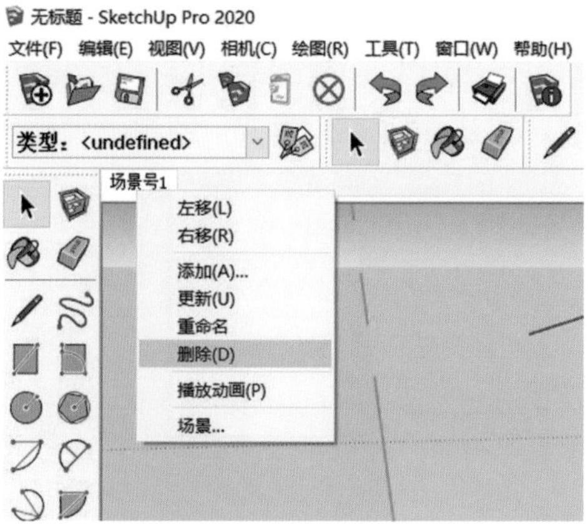

图 6-16　删除场景号 1

(二)详细信息

关于场景的控制，主要有三个工具，一是动画菜单，二是场景标签的右键菜单，三是场景面板(见图 6-17)。

(三)场景动画播放和设置

打开已经制作好的模型，调整好角度，在上方菜单栏依次选择【视图】→【动画】→【播放】(见图 6-18)。

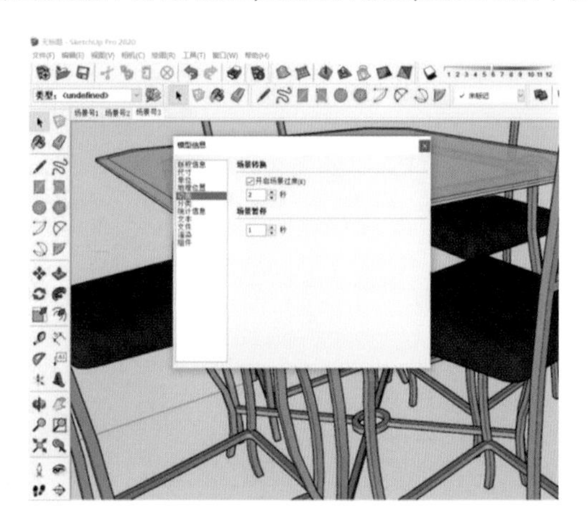

图 6-17　场景面板

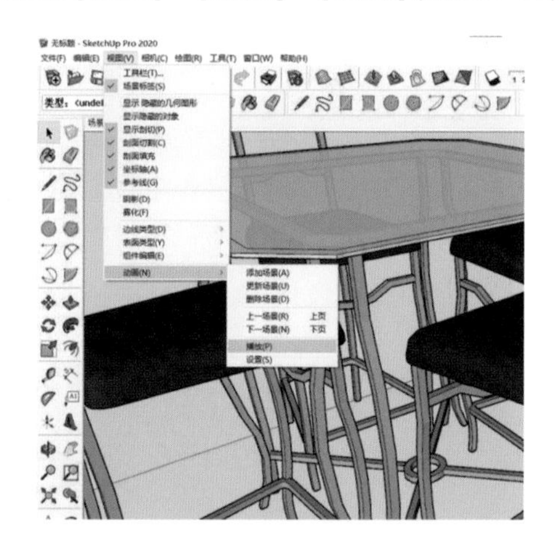

图 6-18　动画播放

选择另外一个角度，并在【场景号 1】处点击鼠标右键，选择【添加场景】(见图 6-19)。

用同样的方法，多选择几个角度添加场景(见图 6-20)。

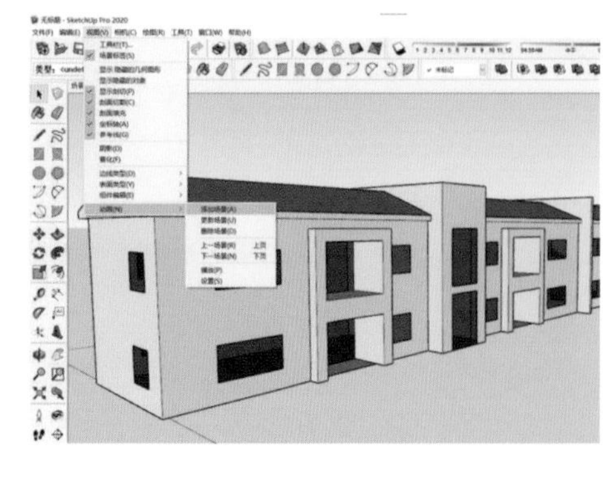

图 6-19　添加场景

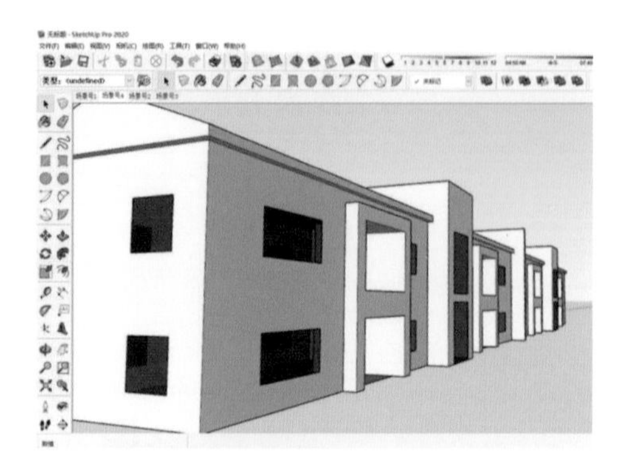

图 6-20　添加多个建筑场景

(四)场景动画的导出

场景设置好后，在上方菜单栏依次选择【文件】→【导出】→【动画】→【视频】，在对话框中选择输出的文件格式及参数，并选择【导出】(见图 6-21)。

五、模型与组

三维场景中模型较多时，可以让相关的模型组成一个群组，便于以后的操作和管理。可以把场景中的物体临时集合成组，方便选择、组织管理场景。“组件”与“群组”都可以将场景中众多的构件编辑成一个整体，保持各构件之间的相对位置不变，从而实现各构件的整体操作，如复制、移动、旋转等(见图 6-22)。组件之间具有关联性，可以提高后续模型制作的效率(见图 6-23)。

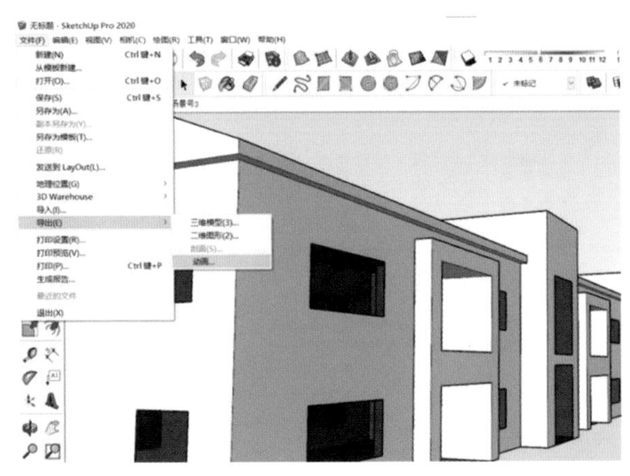
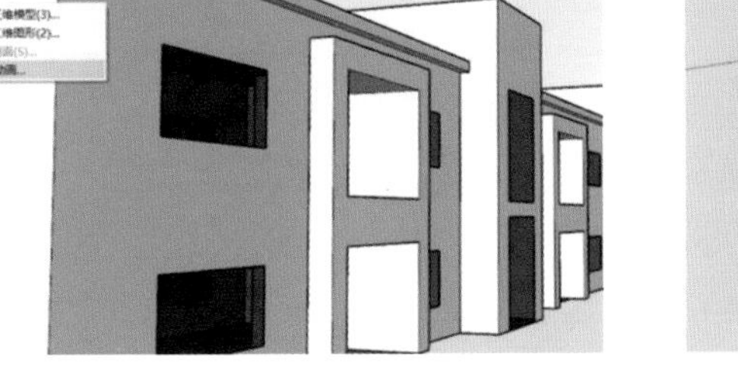

图 6-21　动画导出

图 6-22　创建群组

(一)创建组

选择好所需的模型后，点击鼠标右键，选择【创建组件】或【创建群组】(见图 6-24)。

(二)分解组

“炸开”与“打开”有本质上的不同，点击【炸开模型】，模型就与原来的组件脱离了关系，但不影响关联组件(见图 6-25)。炸开后要再成组需要重新选取定义组件。

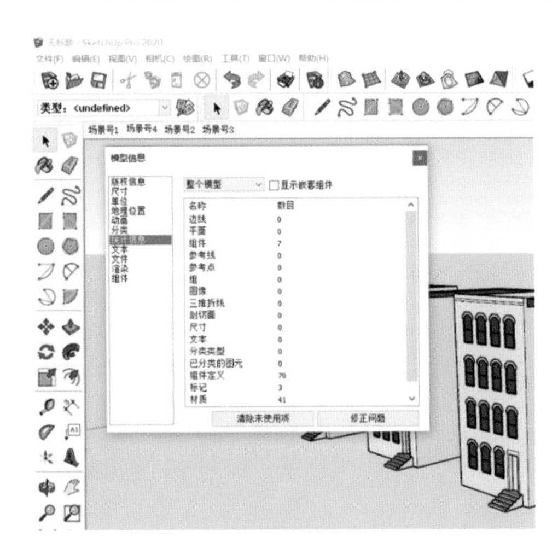

图 6-23　模型信息中的组件

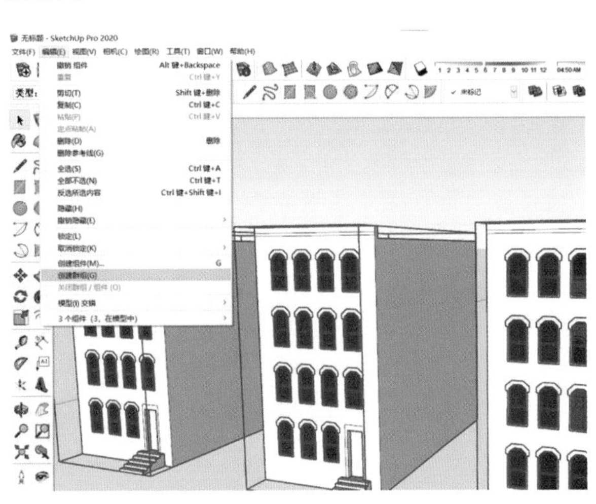

图 6-24　创建群组

(三)编辑组

SketchUp 中不用炸开组件进行编辑,只要双击组件即可,同时支持多层嵌套的组件制作及编辑(见图 6-26)。

(四)组的嵌套

当需要进行关联修改和复制时,可以使用“组件”。而“组件”和“群组”之间是可以多层次嵌套的,为了减小容量和加快运行速度,应该考虑好什么时候用“群组”,什么时候用“组件”,以防对同一模型进行多次组合。比如做一幢房时,对一些非关键部位使用“群组”的方式进行组合,做好后再使用“组件”。(见图 6-27)

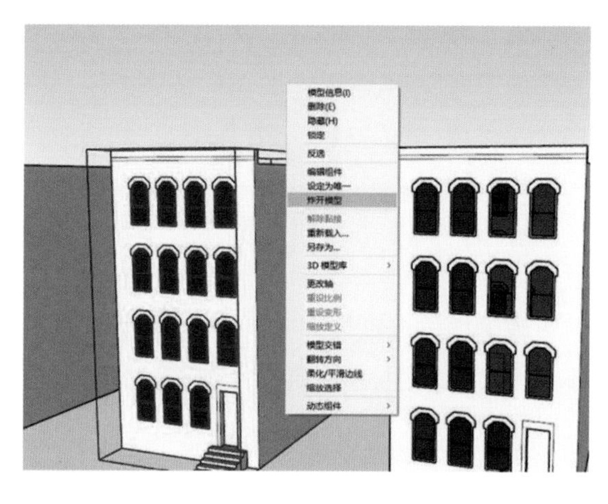

图 6-25　炸开模型

图 6-26　编辑组件

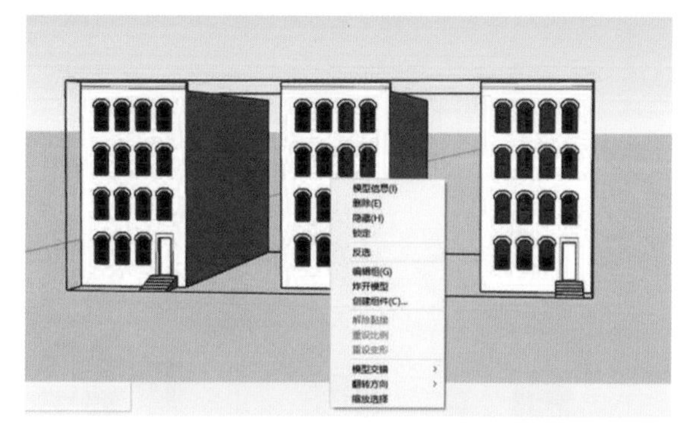

图 6-27　组的嵌套

六、沙箱工具

可单击【工具】→【沙箱】,进行沙箱工具的调用(见图 6-28)。

(一)根据等高线创建

在【沙箱】工具栏中点击【曲面起伏】,利用手绘线工具绘制出等高线,并利用移动工具调节等高线的位置高度(见图 6-29)。

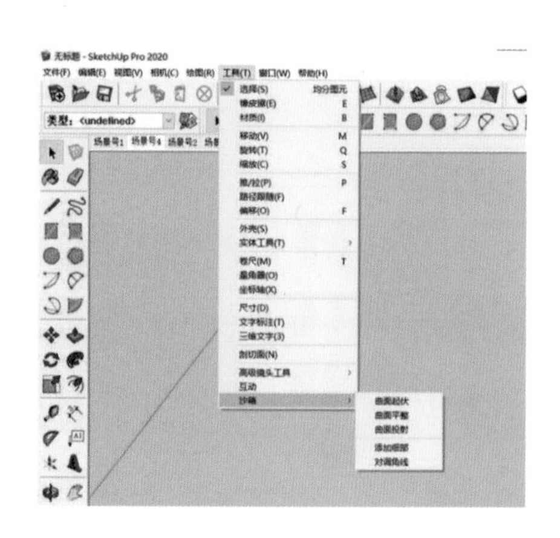

图 6-28　沙箱工具

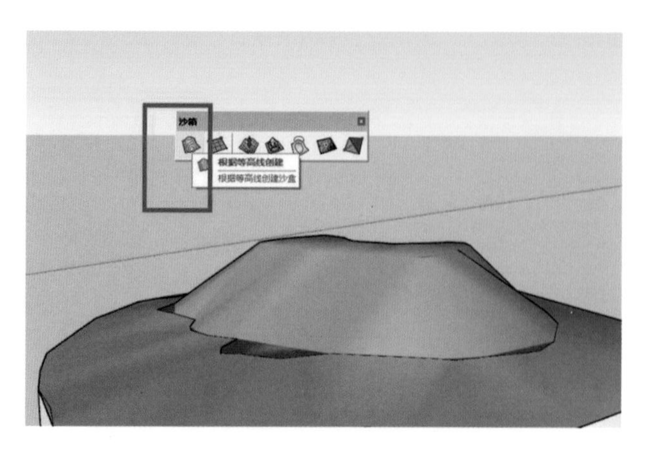

图 6-29　等高线绘制

(二)根据网格创建

首先点击【根据网格创建】命令，设置栅格间距为 5 m，确定平面方向以及距离为 100 m×100 m(见图 6-30)。

(三)曲面平整

绘制出一定大小的平面图形，并移动至待平整区域的上方(见图 6-31)。

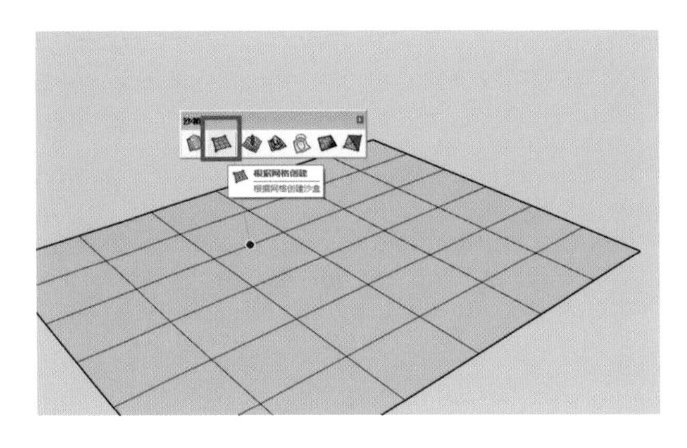

图 6-30 网格绘制

图 6-31 曲面平整

(四)曲面投射

绘制出平面图形，移动到投射区域的上方。选择平面图形，点击【曲面投射】，再选择曲面(见图 6-32)。

(五)添加细部

选择【工具】→【沙箱】→【添加细部】，进入组件的内部，选择平面，点击【添加细部】，便可以完成操作(见图 6-33)。

图 6-32 曲面投射

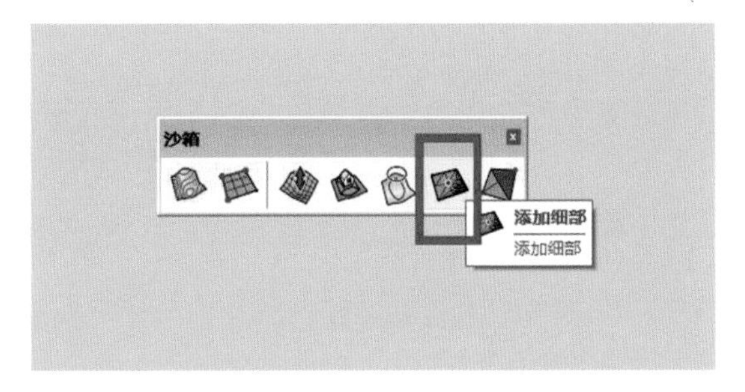

图 6-33 添加细部

(六)对调角线

选择【工具】→【沙箱】→【对调角线】，【对调角线】主要用于改变边线的方向。

七、模型交错工具

对两个及以上相交的物体执行模型交错命令时，其相交部分会生成相交线，擦除不要的部分，能够得到其他形态的形体(见图 6-34)。

模型交错即组件内外与之相交都会交错(所选对象必须是组)，单个群组或组件本身与和它相交错的对象在交错的地方产生交错线。单个点、线、面等非组件是无法使用此命令的。

八、实体工具

实体工具主要包含六个命令：实体外壳、相交、联合、减去、剪辑、拆分。所选定的物体必须是实体，即每个选择的物体都必须是一个单独的组件(见图 6-35)。

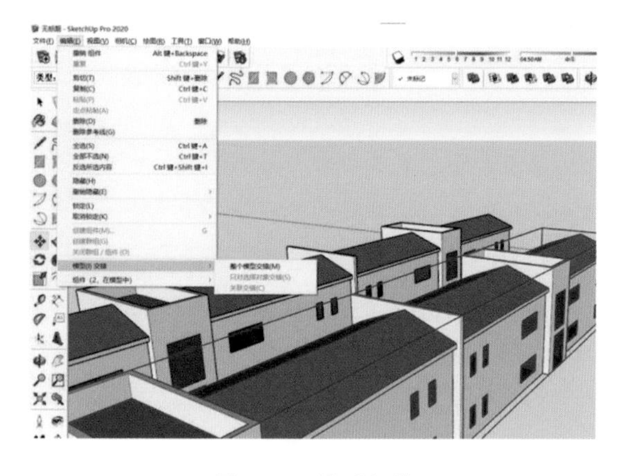

图 6-34　模型交错

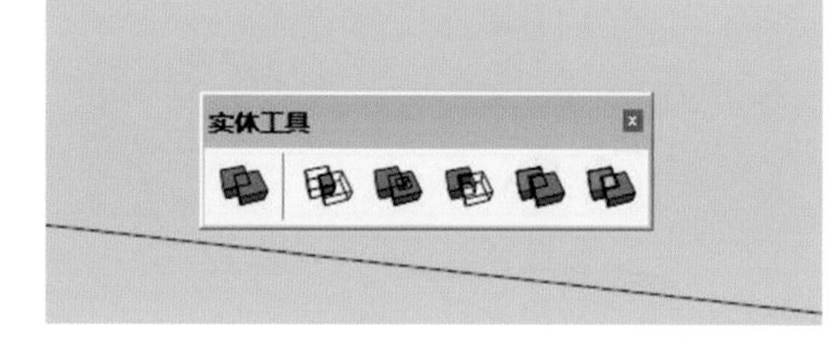

图 6-35　实体工具

(一)实体外壳

【实体外壳】命令将所有选定实体合并为一个实体并删除所有内部图元。操作：把物体变成单独的组件，然后选择实体，点击【实体外壳】(见图 6-36)。

(二)相交

【相交】命令使所选的全部实体相交并仅将其交点保留在模型内。按照上一步的操作，同样可以得到两个实体相交的结果(见图 6-37)。

(三)联合

【联合】命令将所有选定实体合并为一个实体并保留内部空隙，会得到联合效果的实体(见图 6-38)。

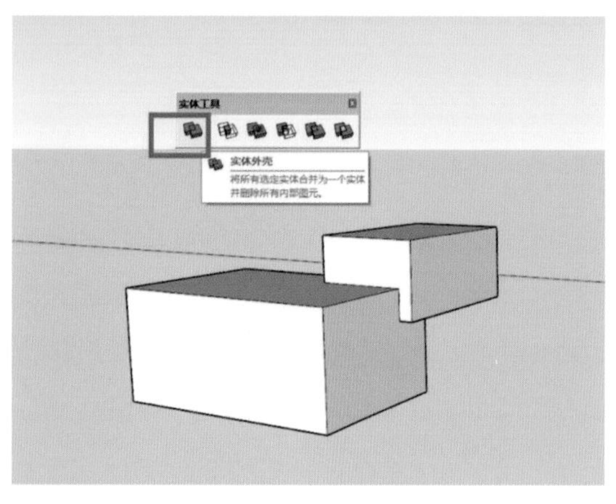

图 6-36　实体外壳

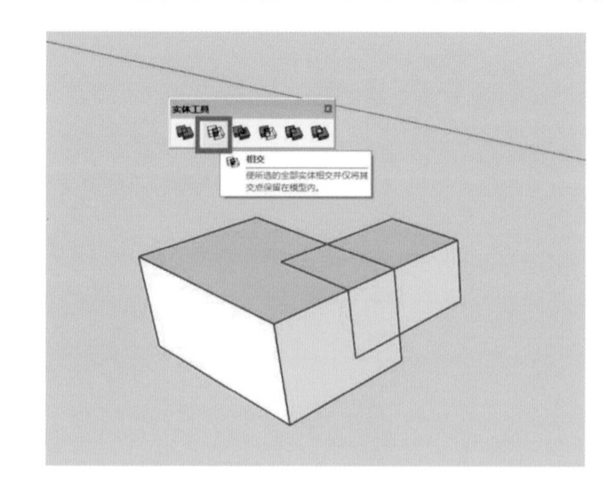

图 6-37　相交

(四)减去

【减去】命令可从第二个实体减去第一个实体并仅将结果保留在模型中。这一命令的操作顺序不同，得到的结果也不同(见图 6-39)。

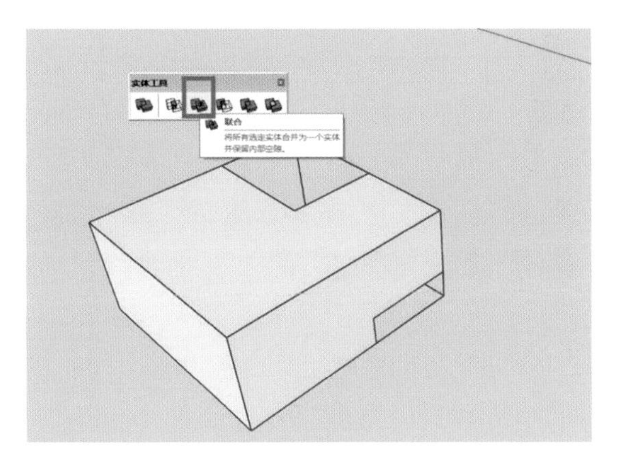

图 6-38　联合

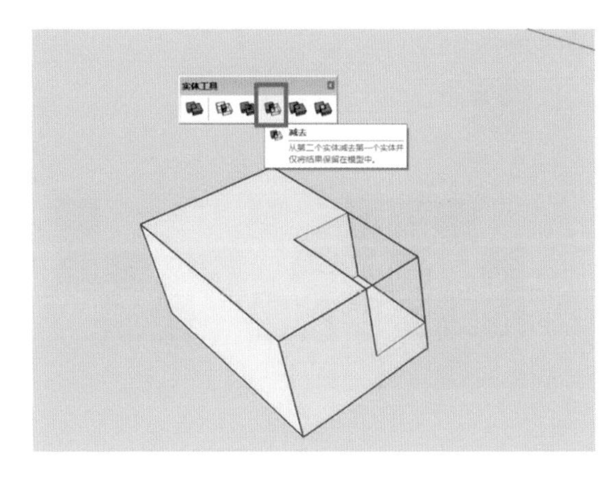

图 6-39　减去

(五)剪辑

【剪辑】命令可根据第二个实体剪辑第一个实体并将两者同时保留在模型中,这一命令的操作顺序不同,得到的结果也不同(见图 6-40)。

(六)拆分

【拆分】命令使所选的全部实体相交并将所有结果保留在模型中,得到的效果如图 6-41 所示。

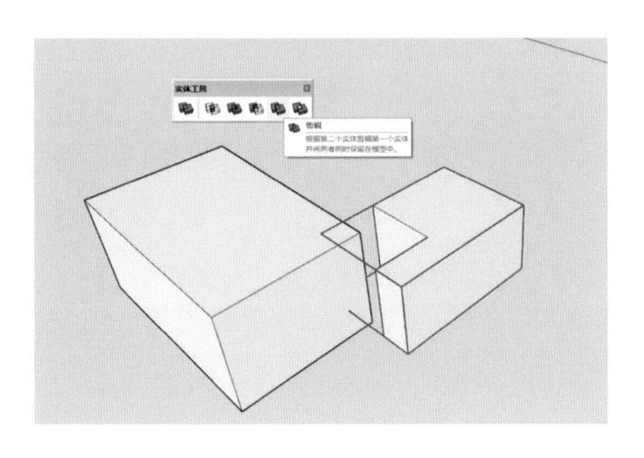

图 6-40　剪辑

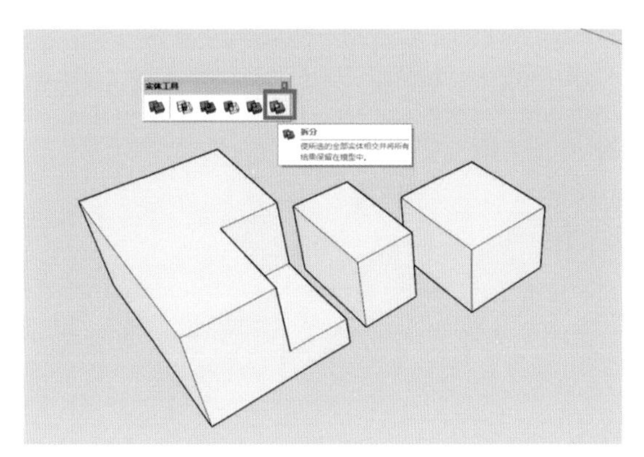

图 6-41　拆分

九、材质

材质对模型的效果有着直接的影响。好的材质贴图,不管是用于 Vray 渲染,还是用于 SketchUp 直接出图,都能让作品更加出色。优质的 SketchUp 底图,还可以继续加工甚至处理成不同的材质效果(见图 6-42)。

(一)使用自带材质库

SketchUp 材质库为经常使用 SketchUp 作图的设计师提供了方便,它包含面砖、木材、石子与泥土路面、天空与水面、透明贴图、瓦与彩钢板、文化石与剁斧石、自然石等生活中常见的材质(见图 6-43)。

(二)【编辑】选项卡

找到并选择自己想要的材质贴图,将像素调整到 500×500 左右。然后在 SketchUp 软件中点击【材质】按钮或按快捷键【B】,进入材质编辑页面。在材质编辑器里,点击右上角的加号,添加一个新的材质(见图 6-44)。

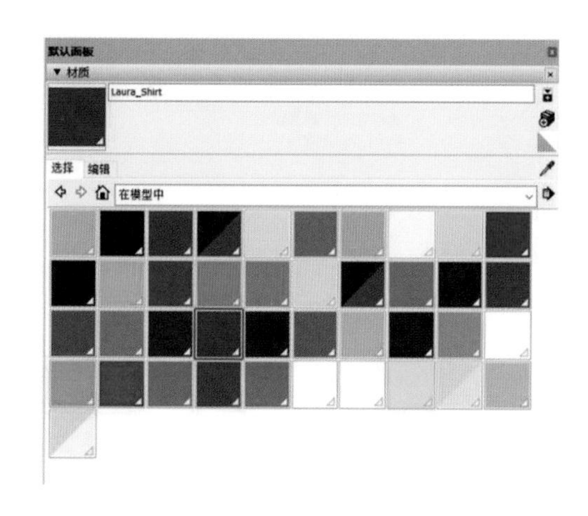

图 6-42 材质面板

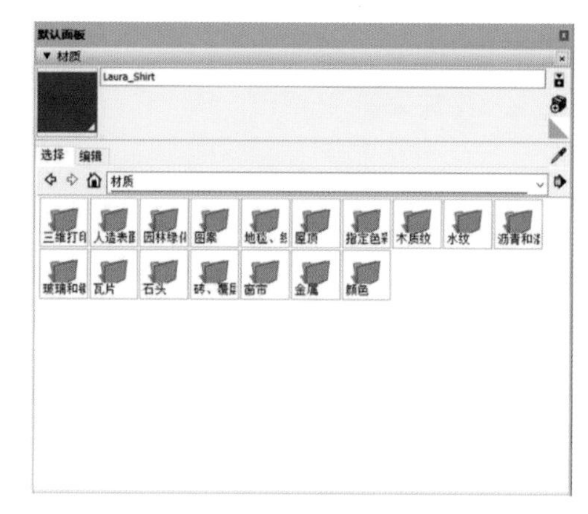

图 6-43 自带材质

(三)调整贴图效果

在新的材质页面里可以对材质进行命名,如浅色层压胶木。点击【浏览材质文件】按钮。选中我们之前准备的材质图片文件,然后打开。载入材质图片后可以看到刚才的编辑器里的缩略图已经变成我们想要的木纹颜色了。确定后便可以把建好的木纹材质应用到模型上。如果觉得木纹大小不合适,可以返回编辑器调整下面的尺寸(见图 6-45)。

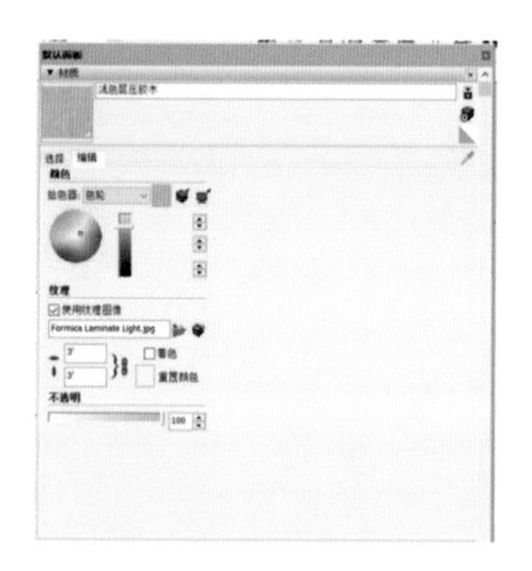

图 6-44 材质编辑 1

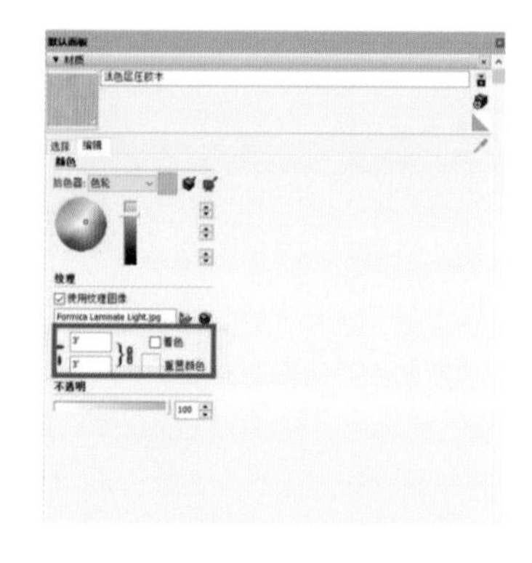

图 6-45 材质编辑 2

第二节 SUAPP

一、SUAPP 基本介绍

SUAPP 于 2007 年 10 月发布,经过多次改进、更新,是 SketchUp 平台上应用最为广泛的功能扩展程序,具有优秀的兼容性。它可以让使用者更好地进行绘图设计,并且可以更好地管理 SketchUp 的插件。新版本的 SUAPP 增加了语言切换的选项,包含简体中文、繁体中文和英文。(见图 6-46)

图 6-46 SUAPP 安装界面

二、SUAPP 主要特点

(一)海量插件

SUAPP 目前包含近 200 款插件以及上千项集成功能可供使用。SUAPP 几乎涵盖所有经典插件,可批量安装套装中的多个插件,免去需要逐个挑选安装的烦恼。

(二)一键安装

SUAPP 安装程序支持在多个版本的 SketchUp 上同时运行,只需勾选即可。在快速启动界面中,可以快速切换在线/离线模式,甚至一键安装 SketchUp。

(三)个性定制

SUAPP 方便管理个人的插件库,可以按照自己的需求对插件库中的插件进行添加、删除、分类和排序。备份插件库的配置可以作为一个存档,随时切换至过去的插件库状态。

(四)云端同步

绑定账号之后登录,所有定制的插件即可从云端同步到本地,省去需要重复配置多台电脑的麻烦。

三、SUAPP 使用方法

目前 SketchUp 的速度和性能已经有了很大的改善。在 SketchUp 中安装 SUAPP 插件后,点击【视图】,打开工具栏,发现有 SUAPP 的选项即说明安装成功。点击【窗口】,选择【系统设置】,然后选择【拓展】,在 SUAPP 前面打上钩即可(见图 6-47)。

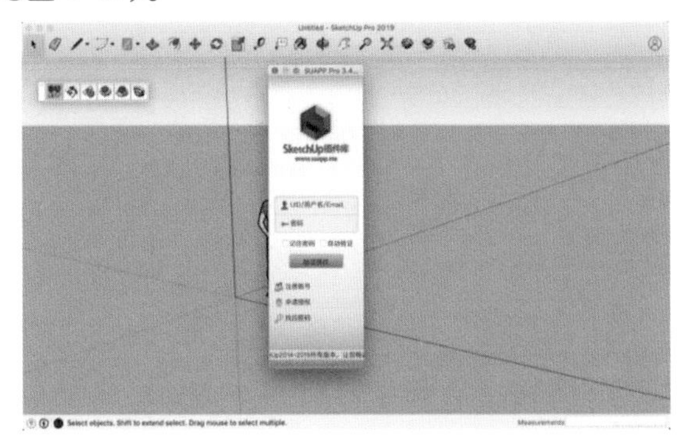

图 6-47 SUAPP 界面

四、SUAPP 新插件介绍

(一)组坐标轴

通过在边界框上拾取来设置组/组件的坐标轴,运行插件后可以标注出边界框的顶点和中点,可以迅速捕捉设置坐标原点。如果想要设置边界框的任意点,可以按住 Shift 键;改变轴向有三种方式——直接用鼠标拖曳,按住鼠标时点击 Tab 键,按方向键。(见图 6-48)

(二)图层快搜

通过关键词搜索图层,便可显示当前选中对象所在图层;或选择对象后点选图层,便可将其转入该图层。这个插件可以搜索并设置选定对象的图层,对于模型元素很多的大模型来说,管理图层特别方便。Layer0 不能隐藏可见,选择模型对象后点击图层即可切换到该图层。(见图 6-49)

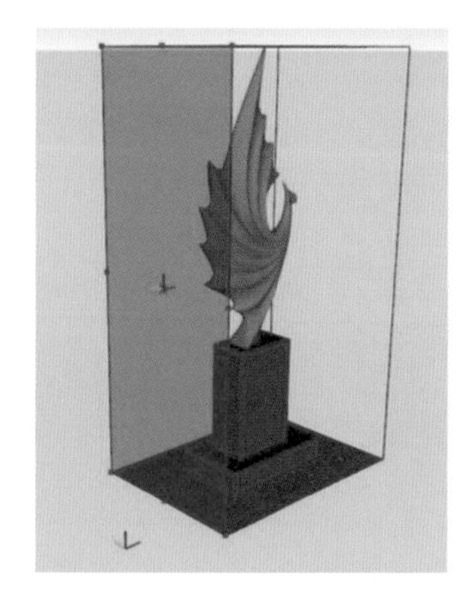

图 6-48　SUAPP 组坐标轴

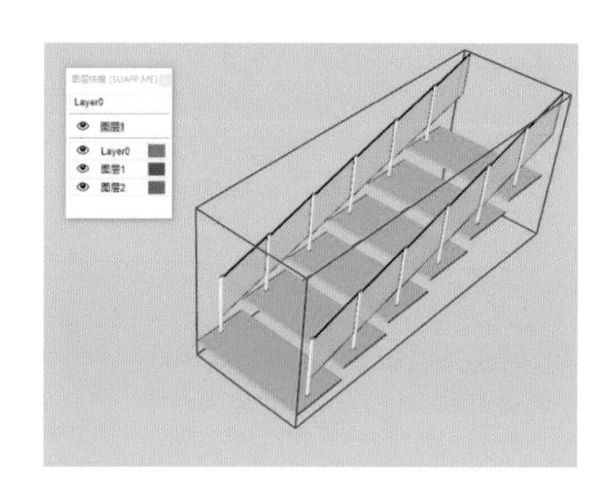

图 6-49　SUAPP 图层快搜

(三)标注缩放

开启标注缩放命令,拖动和缩放目标对象将实时显示尺寸(见图 6-50)。

(四)屏幕比例

在平行投影显示模式下,通过设置屏幕的物理尺寸,可以显示模型真实的二维比例。在菜单栏中点击【相机】→【平行投影】,输入屏幕的分辨率和尺寸,即可显示模型真实的二维比例。该插件可以实时显示当前界面的比例(见图 6-51)。

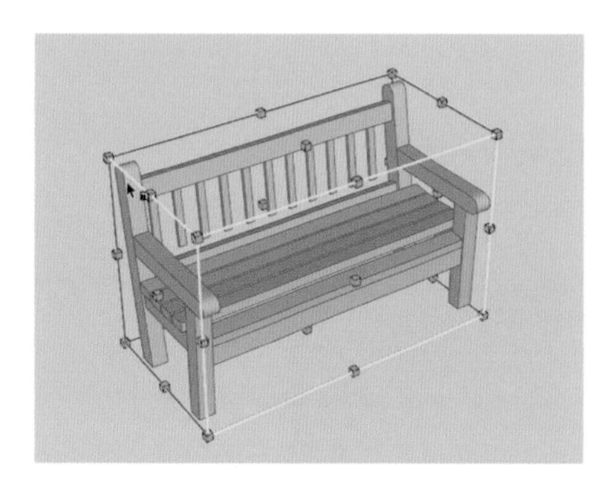

图 6-50　SUAPP 标注缩放

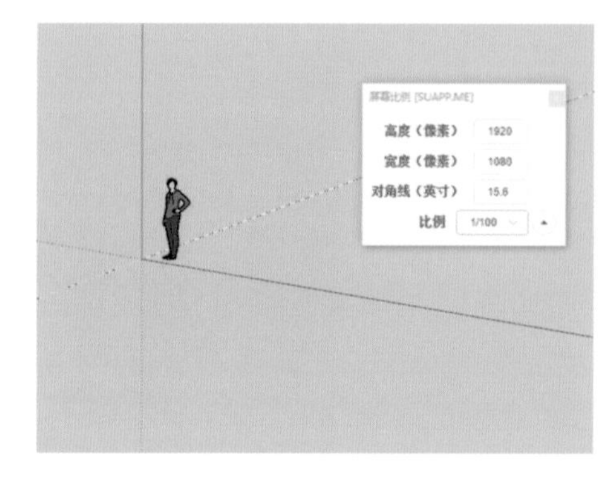

图 6-51　SUAPP 屏幕比例

思考题

1. 如何对图层进行添加、重命名和删除？
2. 如何编辑截面工具？
3. 如何添加场景动画？
4. SUAPP 软件的主要特点有哪些？

融入思政内容

在进行 SketchUp 高级工具学习的同时，可以同步培养学生的政治认同、文化认同、科学精神、人文精神、思维能力、社会参与能力，并培养学生踏实、认真、敬业的职业精神以及强烈的责任意识、科学的理性精神、正确的审美观。

第七章
室内空间效果图表现

本章概述

本章主要讲解室内空间效果图表现，由室内空间环境建模与材质赋予、Enscape 2.7 基本操作与室内渲染表现两部分组成。第一节通过酒店客房环境的建模来讲解室内空间环境建模的流程与方法及材质赋予的技巧。第二节通过酒店客房环境表现来讲解 Enscape 2.7 的基本操作与室内渲染方法。

学习目标

使学生掌握 SketchUp 室内空间环境建模流程与方法及材质赋予的技巧；同时掌握 Enscape 2.7 的常用命令及酒店客房环境效果图表现的方法与技巧。

第一节
室内空间环境建模与材质赋予

SketchUp 室内空间环境建模步骤包括室内空间环境建模以及材质赋予。其主要的优点在于操作快捷简便，结合前面章节介绍的绘图、编辑、漫游等工具，能迅速对室内空间进行三维模型的表达，可结合插件对各种复杂室内形体或曲面造型进行深层次的精细化建模。

一、室内空间环境建模

(一)室内三维空间的绘制

1. 操作思路

(1)有室内平面图。

在有室内平面图的情况下，首先在 CAD 里根据实际情况处理室内平面图的图层，把图层中不需要的线条、填充图案等全部清除掉，做好简化版的 CAD 墙体图层。然后把 CAD 平面图导入 SketchUp。

(2)无室内平面图。

如果无室内平面图，就直接在 SketchUp 中进行室内平面图的绘制。用直线工具、矩形工具绘制平面图，用偏移、移动、旋转、缩放等编辑工具绘制室内造型细部，用推拉工具使模型成为三维造型。

2. 操作步骤

(1)设置单位。单击菜单栏中的【窗口】，点击【模型信息】(见图 7-1)；再选择【单位】，将单位设置成毫米(见图 7-2)。

(2)导入 CAD 模型。选择【文件】→【导入】，在文件类型选项菜单中选择 AutoCAD 文件(*.dwg，*.dxf)类型，打开配套“第七章\素材”文件夹，选择“酒店客房墙体平面图”，将整理好的 CAD 文件导入，弹出【导入结果】对话框，点击【关闭】，如图 7-3 所示。CAD 模型导入 SketchUp 后的效果如图 7-4 所示。

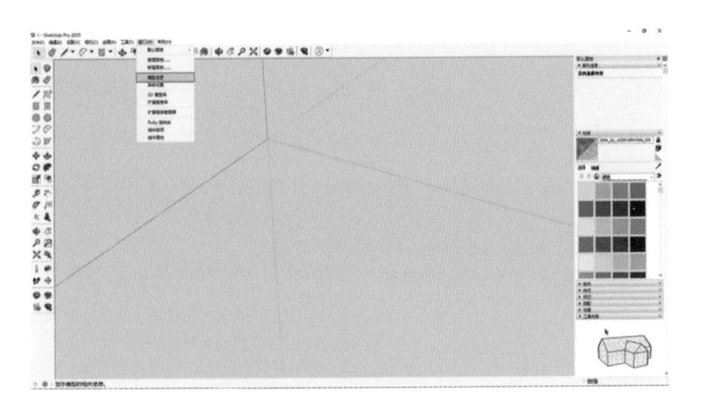

图 7-1　选择模型信息

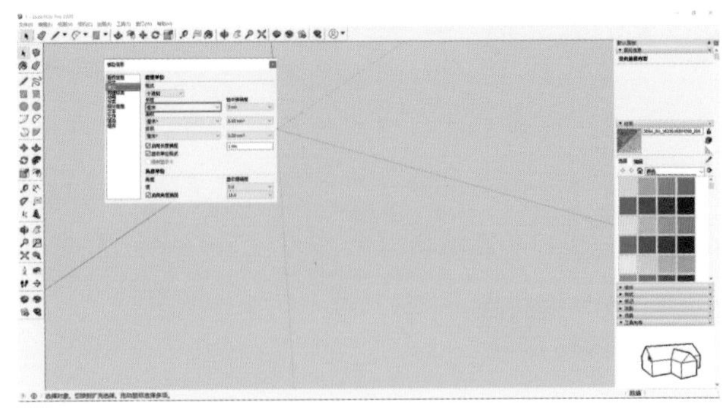

图 7-2　将单位设置成毫米

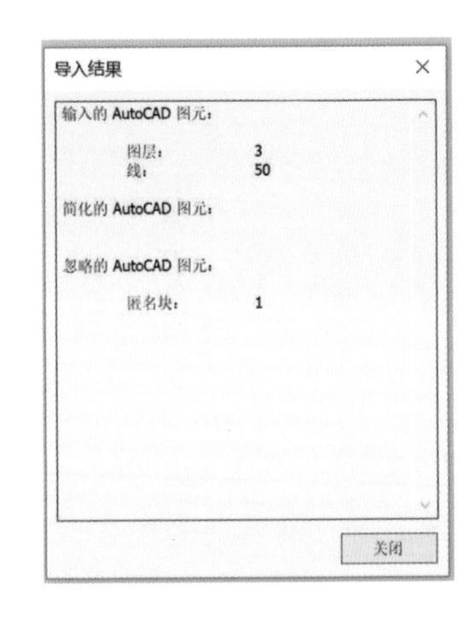

图 7-3　导入结果

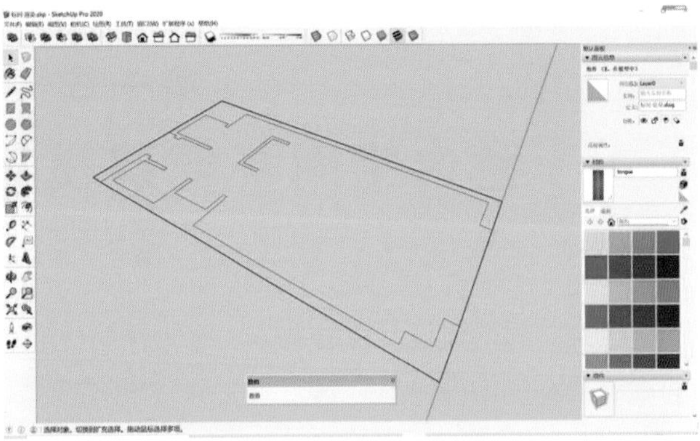

图 7-4　CAD 模型导入后效果

(3)创建墙体截面。将 CAD 墙体定位图作为墙体建模的基础，应用【直线】工具，捕捉室内墙体各顶点，通过连接直线，得到墙体封闭截面(见图 7-5)。

(4)挤压墙体高度。应用【推/拉】工具，将平面拉出一定高度，在数值栏中输入 3300 mm，完成墙体模型的创建(见图 7-6)。

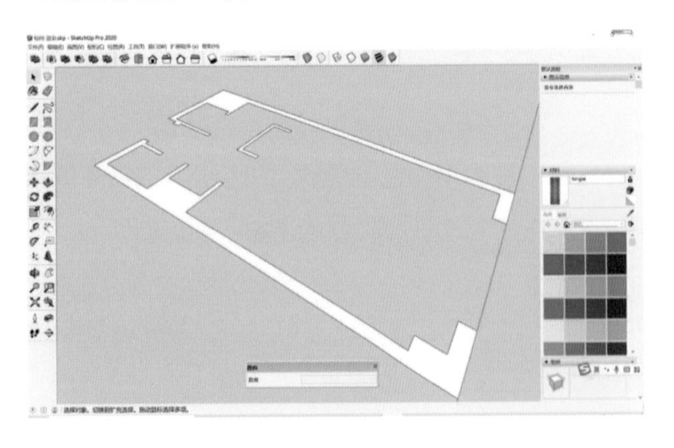

图 7-5　创建墙体截面

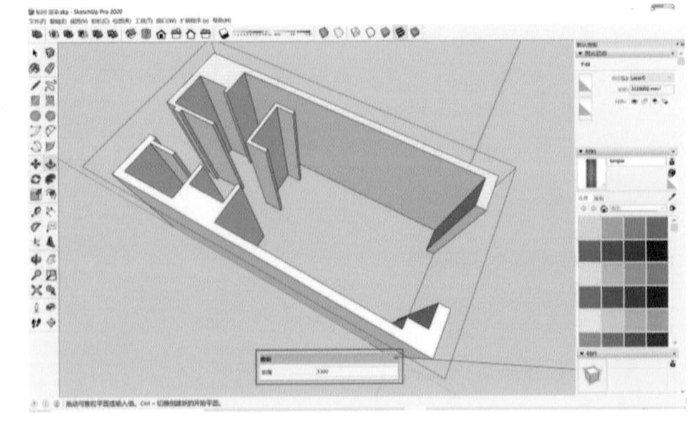

图 7-6　挤压墙体高度

(5)绘制门洞。应用【矩形】工具，捕捉门洞口上部顶点，绘制矩形(见图 7-7)。应用【推/拉】工具，将该平面向下挤压一定距离，在数值栏中输入 900 mm(见图 7-8)。

(6)绘制窗洞。应用【矩形】工具，捕捉窗洞口上部顶点，绘制矩形(见图 7-9)。应用【推/拉】工具，将该平面向下挤压一定距离，在数值栏中输入 600 mm(见图 7-10)。应用【矩形】工具，捕捉窗洞口下部顶点，绘制矩形(见图 7-11)。应用【推/拉】工具，将该平面向上挤压一定距离，在数值栏中输入 300 mm(见图 7-12)。

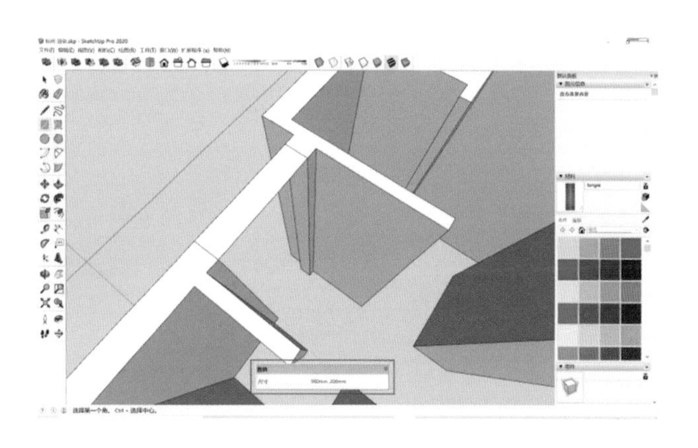

图 7-7　创建门洞平面

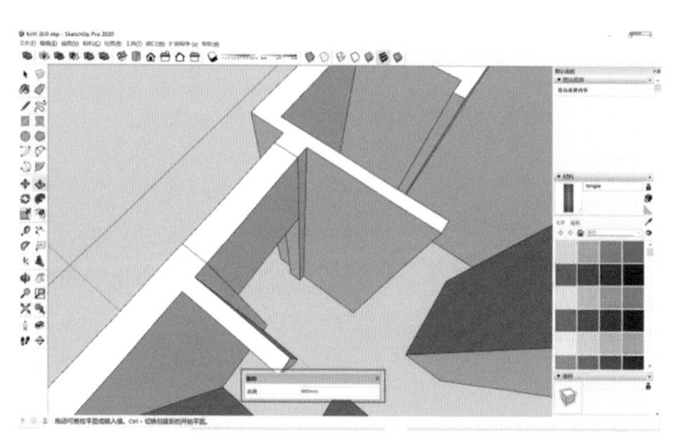

图 7-8　推拉门洞高度

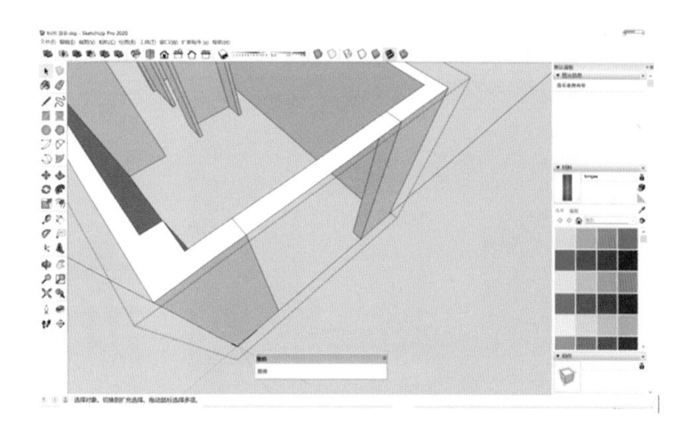

图 7-9　创建窗洞上平面

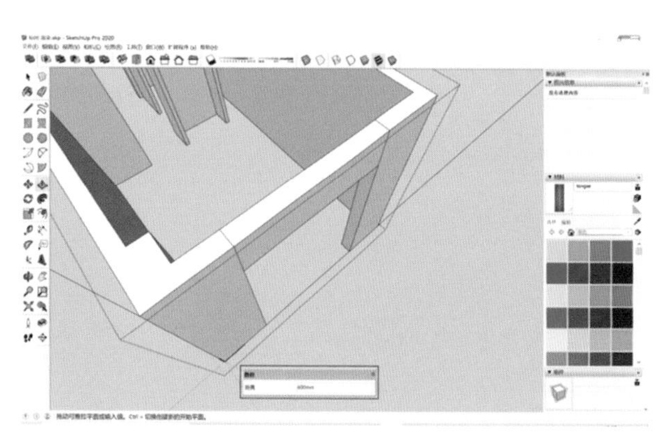

图 7-10　推拉窗洞高度 1

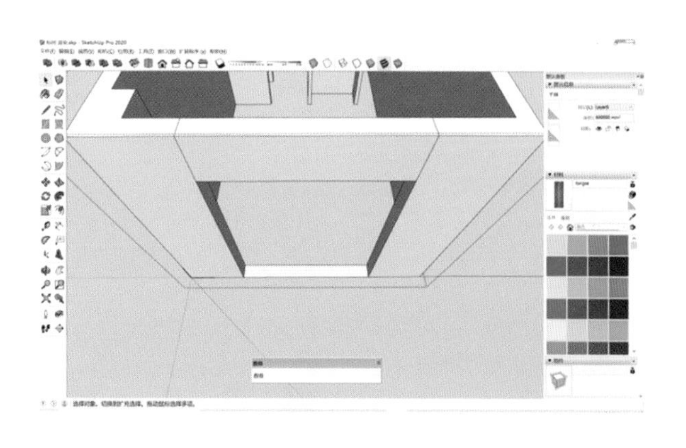

图 7-11　创建窗洞下平面

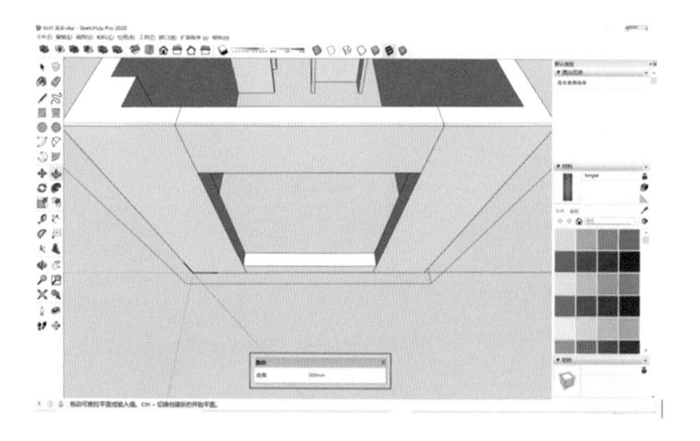

图 7-12　推拉窗洞高度 2

(7)删除多余边线。应用【删除】工具,将模型中多余边线进行删除,完成墙体模型中门窗洞的绘制(见图 7-13)。

(8)创建地面。退出墙体群组,应用【直线】工具,捕捉墙体下端顶点并画线,创建出室内地面,并根据地面铺装设计需求,将酒店客房地面平面分割为干区与湿区(见图 7-14)。

(9)创建天花平面。退出地面群组,应用【直线】工具,捕捉墙体上端顶点并画线,创建出室内天花(见图 7-15),并根据天花造型设计需求和室内管网限制,结合【推/拉】工具,将干区天花平面向下推拉(见图 7-16)。

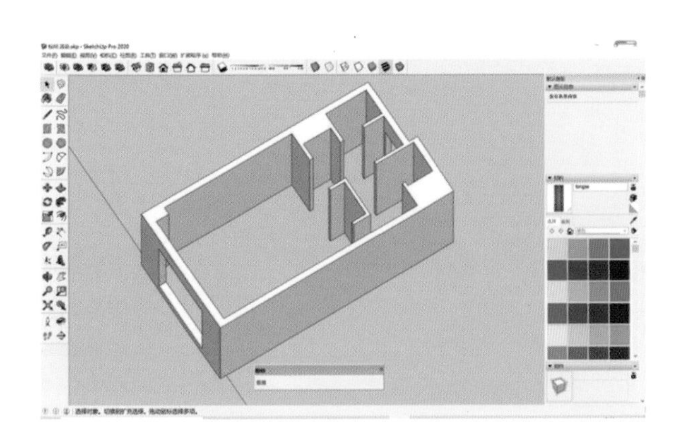

图 7-13　完成门窗洞的绘制

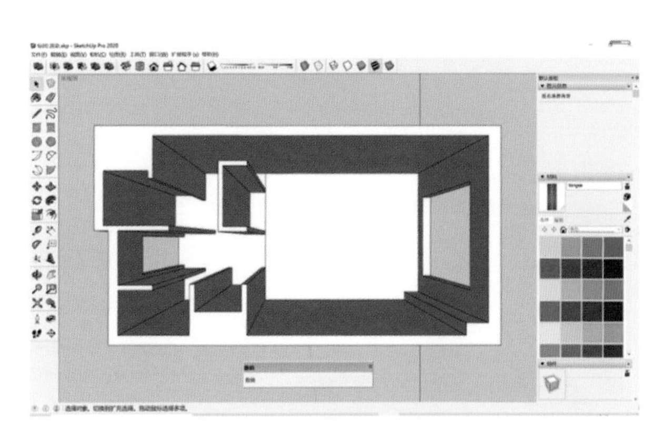

图 7-14　分割地面干湿区

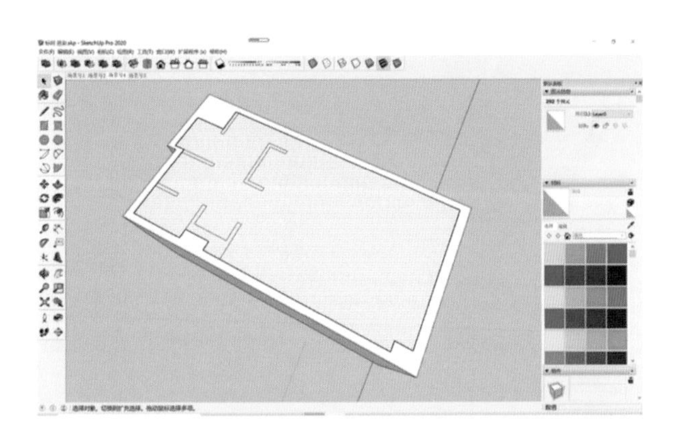

图 7-15　创建天花平面

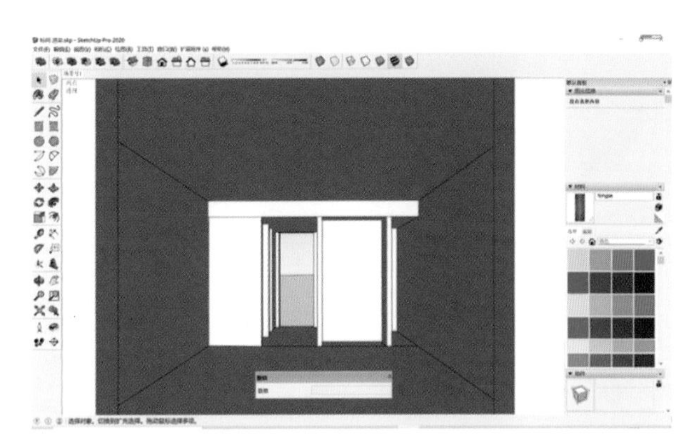

图 7-16　分区推拉天花高度

(10)天花细节创建。应用【偏移】、【推/拉】工具,对天花工艺缝细节进行建模,丰富天花效果(见图 7-17)。应用【矩形】、【推/拉】工具,对天花暗藏窗帘盒与漫反射灯带进行建模,完善室内空间功能(见图 7-18、图 7-19)。

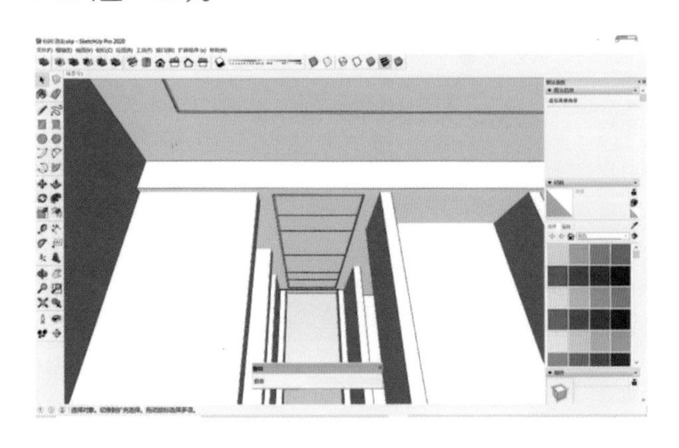

图 7-17　天花工艺缝细节

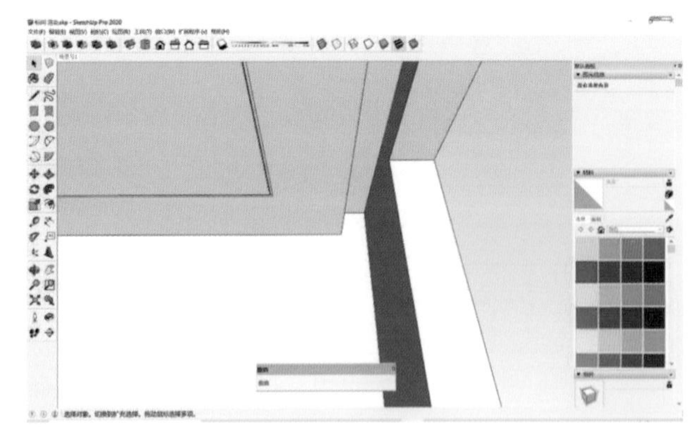

图 7-18　天花暗藏窗帘盒

(11)墙面细节创建。应用【矩形】、【偏移】、【推/拉】工具,对客房电视背景墙、床靠背景墙造型进行初步建模(见图 7-20、图 7-21)。应用【卷尺】、【直线】、【推/拉】工具,对电视背景墙墙面工艺缝与床头背景墙反射灯带进行建模,丰富室内装饰细节,完善室内空间功能(见图 7-22、图 7-23)。

(12)门窗建模。应用【矩形】、【推/拉】、【卷尺】、【直线】等工具,对客房门、盥洗室推拉门、淋浴间玻璃门及门套进行建模及细节优化(见图 7-24)。应用【矩形】、【推/拉】、【卷尺】、【偏移】等工具,对客房铝合金窗进行建模及细节优化(见图 7-25)。

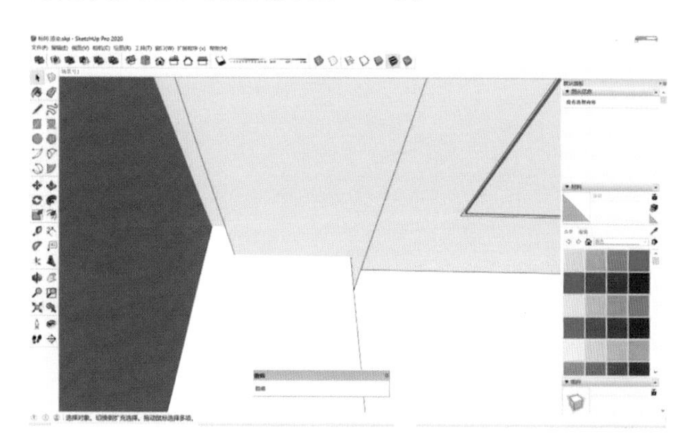

图 7-19　天花暗藏灯带

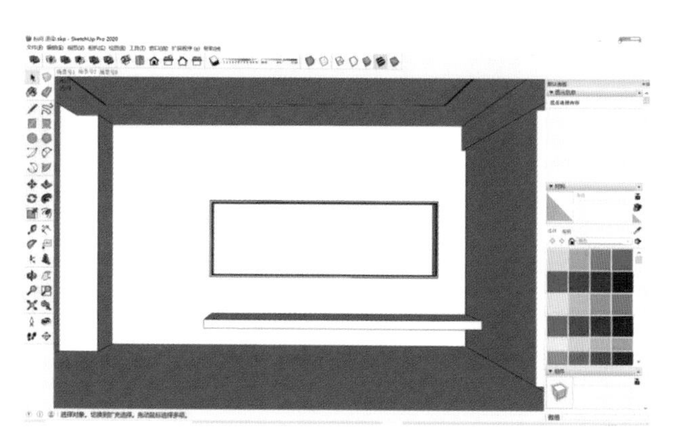

图 7-20　电视背景墙造型建模

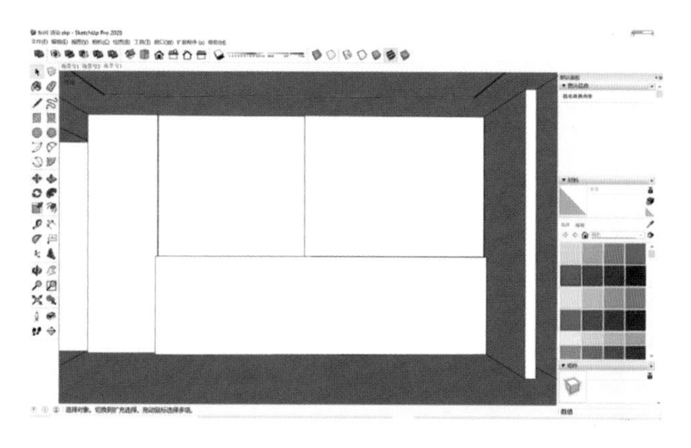

图 7-21　床靠背景墙造型建模

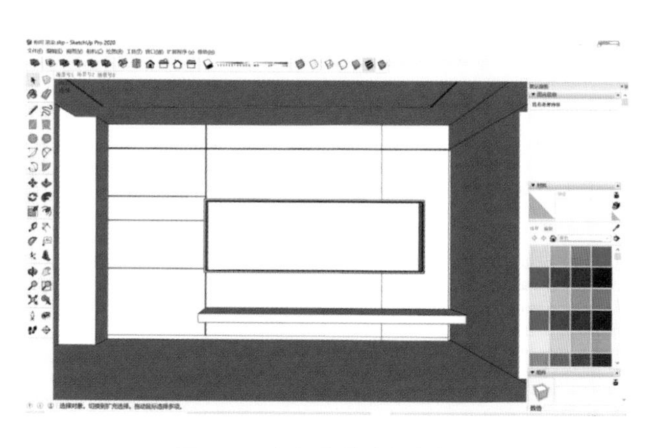

图 7-22　电视背景墙细节优化

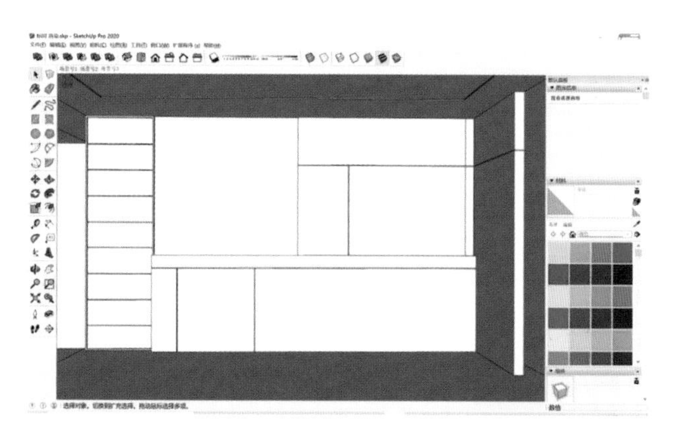

图 7-23　床靠背景墙细节优化

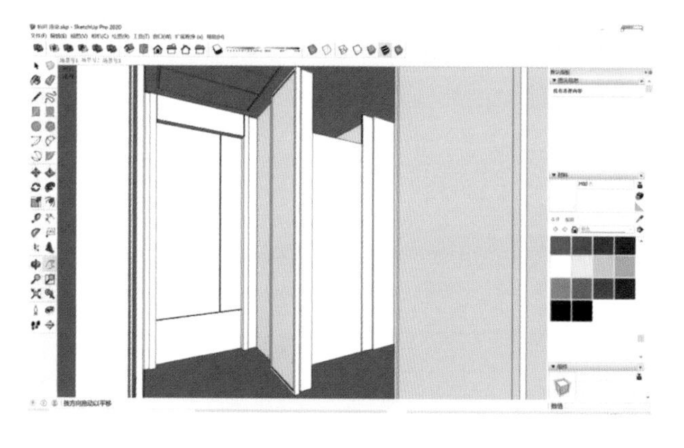

图 7-24　客房门建模

(13)嵌入式射灯建模。应用【矩形】、【圆】、【推/拉】等工具,对天花嵌入式射灯进行建模并成组件(见图 7-26)。应用【移动】工具移动复制射灯,将射灯复制到室内空间其他位置(见图 7-27)。

(二)导入模型

1. 操作思路

导入模型的时候要根据酒店客房设计的风格、尺度等有选择性地进行导入。其一,由于客房风格定位为现代风格,因此导入的模型素材也要迎合整个空间的风格定位。其二,所导入的模型自带材质,硬装部分可最后根据效果进行材质调整。下面讲解如何在 SketchUp 导入相应的模型。

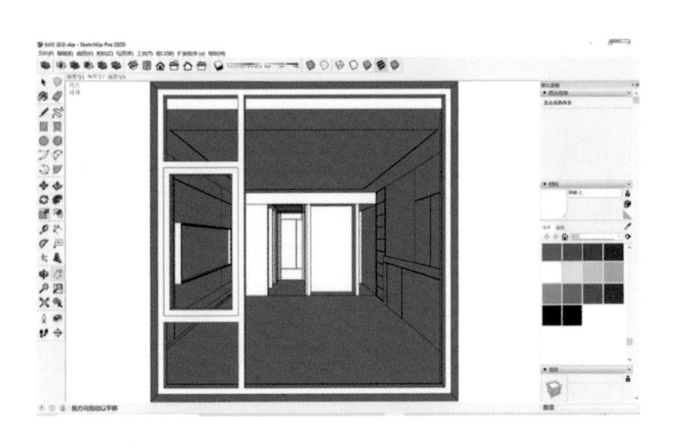

图 7-25　客房窗建模

图 7-26　嵌入式射灯建模

2. 操作步骤

(1)导入沙发。点击【文件】→【导入】,打开配套“第七章\素材”文件夹,将沙发导入场景中,并移动到相应位置(见图 7-28);导入电视,打开配套“第七章\素材”文件夹,将电视导入场景中,并移动到相应位置(见图 7-29);导入桌椅组合,打开配套“第七章\素材”文件夹,将桌椅组合导入场景中,并移动到相应位置(见图 7-30)。

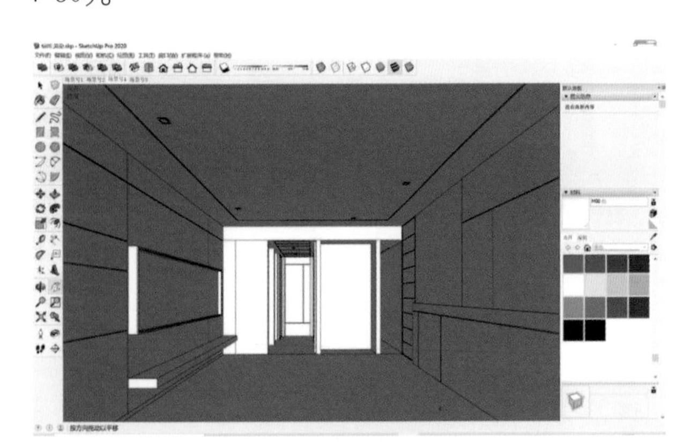

图 7-27　复制移动射灯

图 7-28　导入沙发

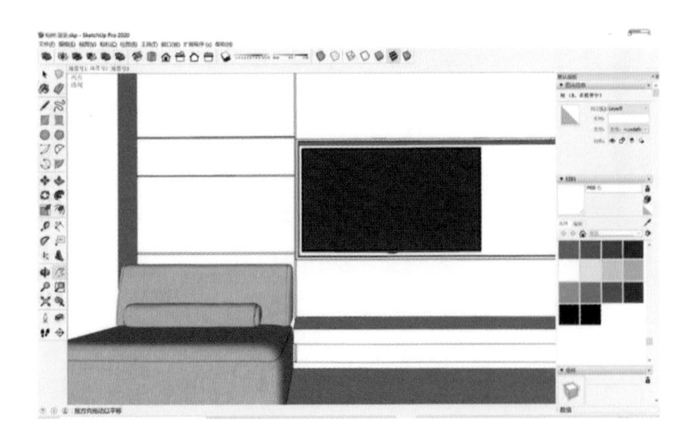

图 7-29　导入电视

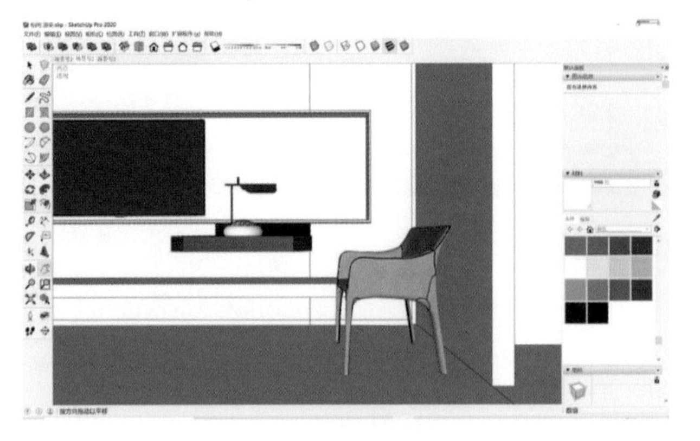

图 7-30　导入桌椅组合

(2)导入 Minibar。打开配套“第七章\素材”文件夹,将 Minibar 导入场景中,并移动到相应位置(见图 7-31)。

(3)导入坐便器。打开配套“第七章\素材”文件夹,将坐便器导入场景中,并移动到相应位置(见

图 7-32)。

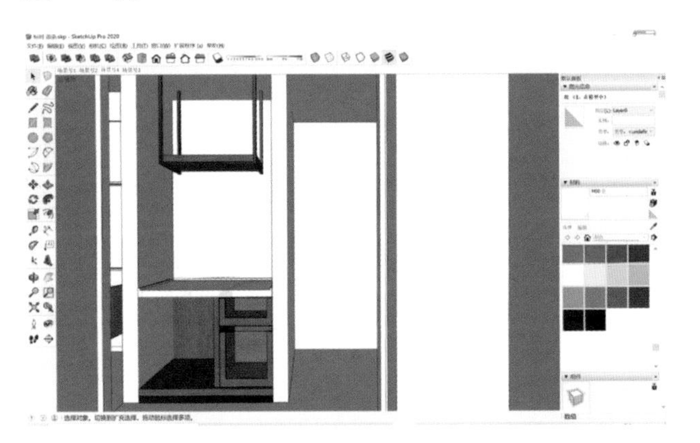

图 7-31 导入 Minibar

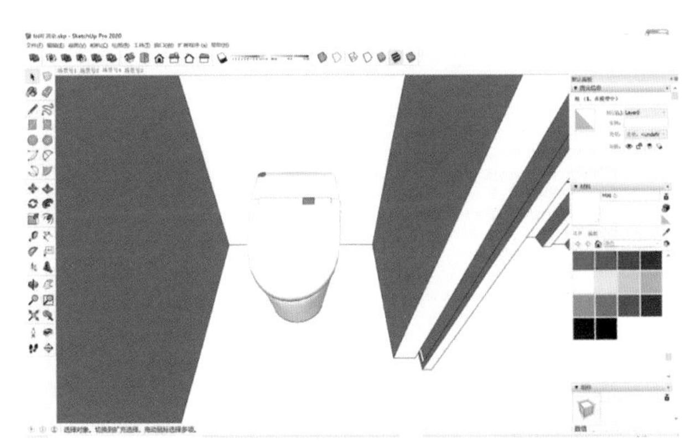

图 7-32 导入坐便器

(4)导入淋浴器。打开配套“第七章\素材”文件夹,将淋浴器导入场景中,并移动到相应位置(见图 7-33)。

(5)导入洗漱台柜组合。打开配套“第七章\素材”文件夹,将洗漱台柜组合导入场景中,并移动到相应位置(见图 7-34)。

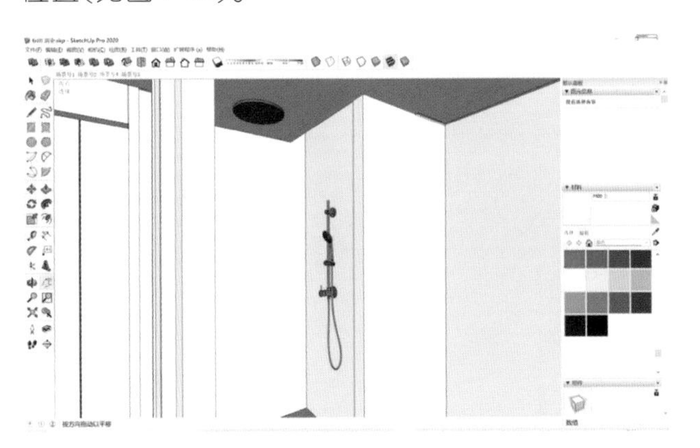

图 7-33 导入淋浴器

图 7-34 导入洗漱台柜组合

(6)导入衣柜。打开配套“第七章\素材”文件夹,将衣柜导入场景中,并移动到相应位置(见图 7-35)。

(7)导入床品组合。打开配套“第七章\素材”文件夹,将床品组合导入场景中,并移动到相应位置(见图 7-36)。

图 7-35 导入衣柜

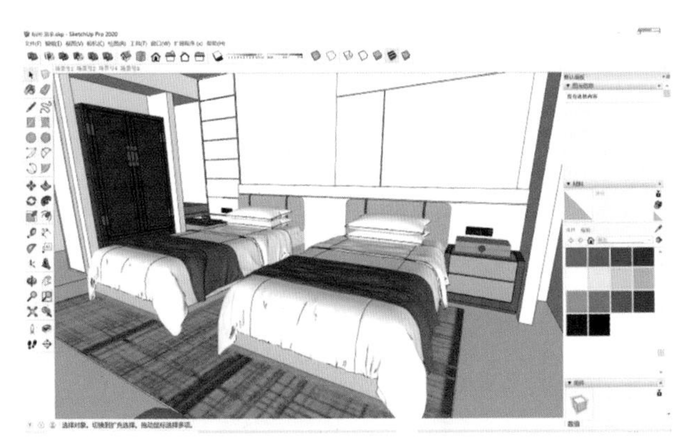

图 7-36 导入床品组合

(8)导入吊灯。打开配套“第七章\素材”文件夹,将吊灯导入场景中,并移动到相应位置(见图 7-37)。

(9)导入壁灯 1。打开配套“第七章\素材”文件夹,将壁灯 1 导入场景中,并移动到相应位置(见图 7-38)。

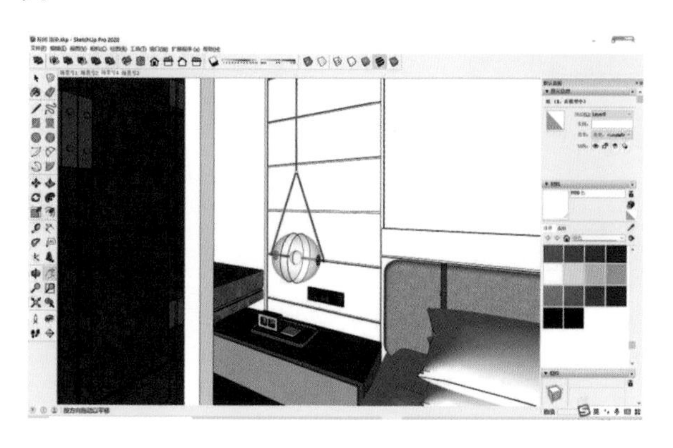

图 7-37 导入吊灯

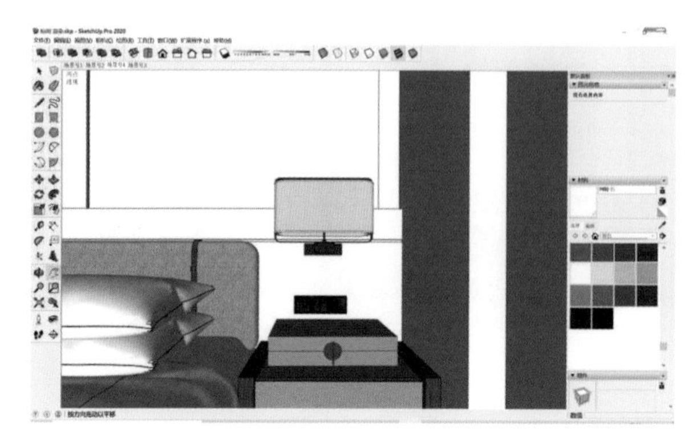

图 7-38 导入壁灯 1

(10)导入壁灯 2。打开配套“第七章\素材”文件夹,将壁灯 2 导入场景中,并移动到相应位置(见图 7-39)。

(11)导入装饰画。打开配套“第七章\素材”文件夹,将装饰画导入场景中,并移动到相应位置(见图 7-40)。

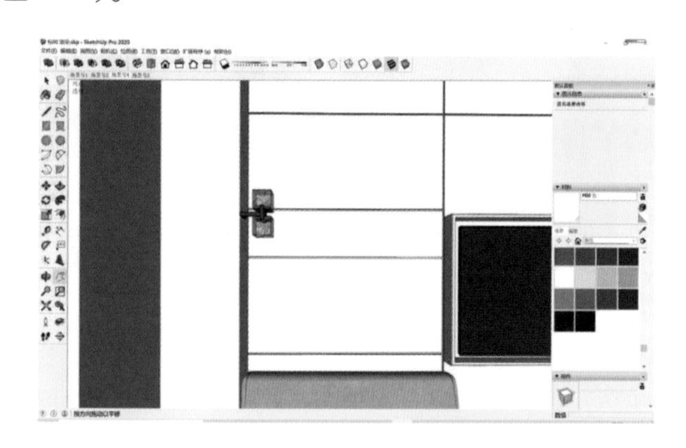

图 7-39 导入壁灯 2

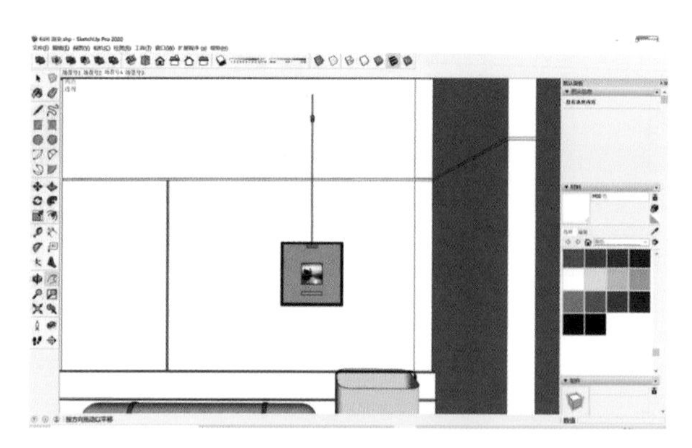

图 7-40 导入装饰画

(12)导入空调出风口。打开配套“第七章\素材”文件夹,将空调出风口导入场景中,并移动到相应位置(见图 7-41)。

(13)导入窗帘。打开配套“第七章\素材”文件夹,将窗帘导入场景中,并移动到相应位置(见图 7-42)。

图 7-41 导入空调出风口

图 7-42 导入窗帘

二、室内空间环境材质赋予

(一)室内地面材质赋予

1. 操作思路

用 SketchUp+Enscape 组合制作室内环境的材质。在 SketchUp 中只需给材质赋予贴图,然后调整材质贴图的大小或尺度即可,而在 Enscape 中需要调整材质的渲染效果。

室内地面材质赋予主要是不同材料在室内空间中的大面积运用,应在给地面赋予材质前将其分隔成不同区域,将不同材质运用到不同空间中。

2. 操作步骤

(1)酒店客房湿区地面材质赋予。应用【材质】工具,执行创建材质命令,将材质命名为“酒店客房湿区地面材质”,在配套“第七章\素材”文件夹中选择“酒店客房湿区地面材质”贴图,并将宽度与高度设置为 800 mm×800 mm(见图 7-43),对酒店客房湿区地面赋予材质。

(2)酒店客房干区地面材质赋予。应用【材质】工具,执行创建材质命令,将材质命名为“酒店客房干区地面材质”,在配套“第七章\素材”文件夹中选择“自然木地板”贴图,并将宽度与高度设置为 1000 mm×600 mm(见图 7-44),对酒店客房干区地面赋予材质。

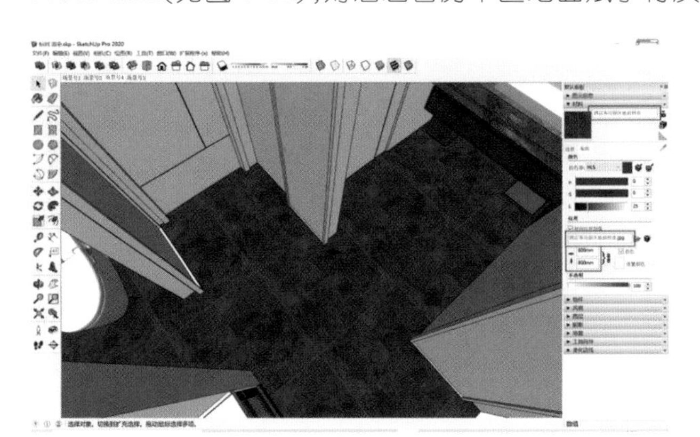

图 7-43 客房湿区地面材质赋予

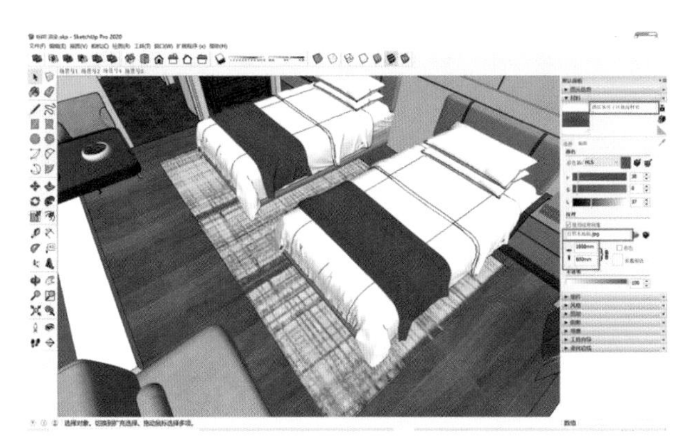

图 7-44 客房干区地面材质赋予

(二)室内墙面材质赋予

1. 操作思路

室内墙面同样是由不同材料构成的,在给墙面赋予材质前将应不同类型的墙面分开,将不同材质运用到不同墙面中,营造不同的室内效果。

2. 操作步骤

(1)木饰面墙面材质赋予。应用【材质】工具,执行创建材质命令,将材质命名为“木饰面”,在配套“第七章\素材”文件夹中选择“胡桃木纹”贴图,并将宽度与高度设置为 1600 mm×2500 mm,对木饰面墙面赋予材质(见图 7-45)。

(2)硬包墙面材质赋予。应用【材质】工具,执行创建材质命令,将材质命名为“墙面硬包”,在配套“第七章\素材”文件夹中选择“布纹”贴图,并将宽度与高度设置为 400 mm×300 mm,对硬包墙面赋予材质(见图 7-46)。

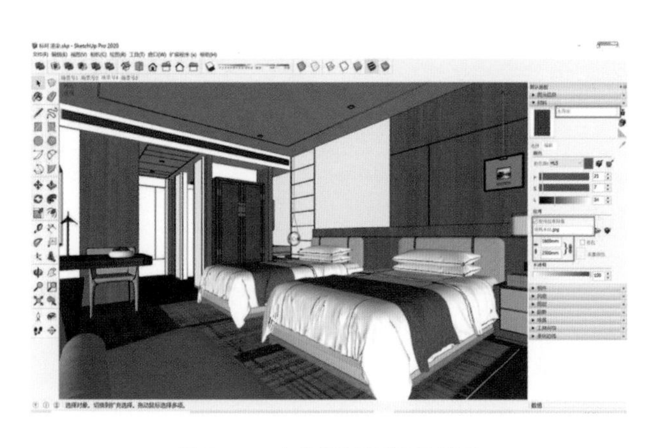

图 7-45　木饰面墙面材质赋予

图 7-46　硬包墙面材质赋予

(3)软包墙面材质赋予。应用【材质】工具，执行创建材质命令，将材质命名为“墙面软包”，在配套“第七章\素材”文件夹中选择“橙色绒布”贴图，并将宽度与高度设置为 1000 mm×1000 mm，对软包墙面赋予材质(见图 7-47)。

(4)湿区墙面材质赋予。应用【材质】工具，执行创建材质命令，将材质命名为“湿区墙面”，在配套“第七章\素材”文件夹中选择“白色大理石”贴图，并将宽度与高度设置为 1000 mm×1000 mm，对湿区墙面赋予材质(见图 7-48)。

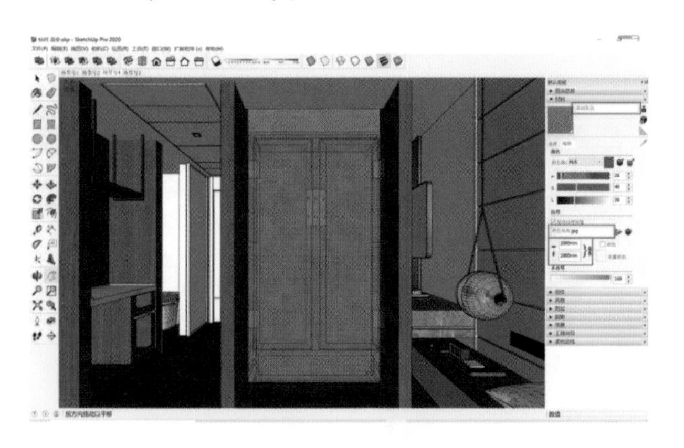

图 7-47　软包墙面材质赋予

图 7-48　湿区墙面材质赋予

(5)镜面材质赋予。应用【材质】工具，执行样本材料命令，吸取“洗漱台柜组合”镜面材质(见图 7-49)，将提取的镜面材质对 minibar 墙面背景与电视背景墙阴角墙面进行材质赋予(见图 7-50)。

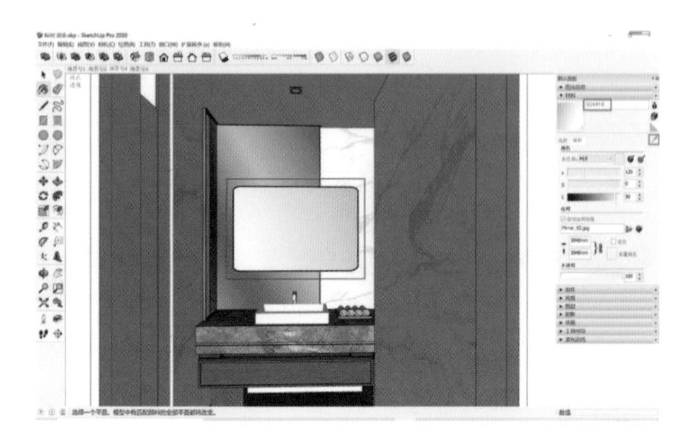

图 7-49　镜面材质提取

图 7-50　镜面材质赋予

（6）电视背景板材质赋予。应用【材质】工具，执行创建材质命令，将材质命名为“电视背景板”，在配套“第七章\素材”文件夹中选择“咖色皮纹”贴图，并将宽度与高度设置为 400 mm×300 mm，对电视背景板赋予材质（见图 7-51）。

（三）室内设施材质赋予

1. 操作思路

室内设施由不同构件构成，如门、门套、窗、踢脚线等，由于模型不同于大面积的墙或地面，在材质赋予的过程中应深入群组或组件内部，逐步进行材质赋予操作。

2. 操作步骤

（1）一体门材质赋予。应用【材质】工具，执行样本材料命令，吸取木饰面墙面材质，将提取的木饰面材质对一体门进行材质赋予，形成统一的立面效果（见图 7-52）。

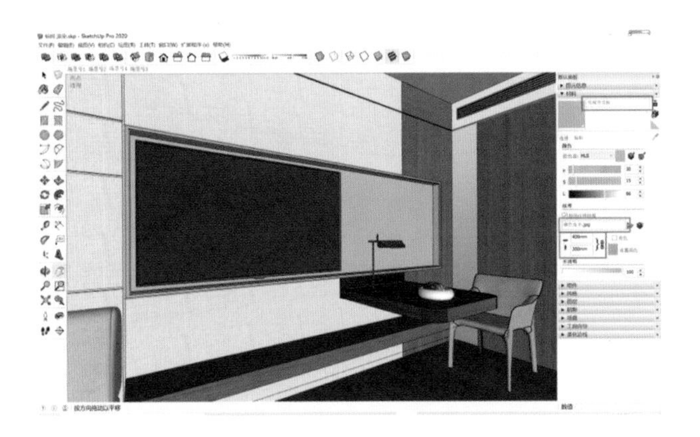

图 7-51　电视背景板材质赋予

图 7-52　一体门材质赋予

（2）门框材质赋予。应用【材质】工具，执行创建材质命令，将材质命名为“门框材质”，在配套“第七章\素材”文件夹中选择“拉丝不锈钢”贴图，并将宽度与高度设置为 850 mm×1000 mm，对推拉门门框和盥洗室门框赋予材质（见图 7-53）。

（3）玻璃门材质赋予。应用【材质】工具，执行创建材质命令，将材质命名为“玻璃门材质”，在配套“第七章\素材”文件夹中选择“夹丝玻璃”贴图，并将宽度与高度设置为 300 mm×600 mm，将透明度调整为 70，对推拉玻璃门及浴室玻璃门赋予材质（见图 7-54）。

图 7-53　门框材质赋予

图 7-54　玻璃门材质赋予

（4）踢脚线材质赋予。【材质】工具，执行样本材料命令，吸取门框拉丝不锈钢材质，将提取的不锈钢材质对踢脚线进行材质赋予（见图 7-55）。

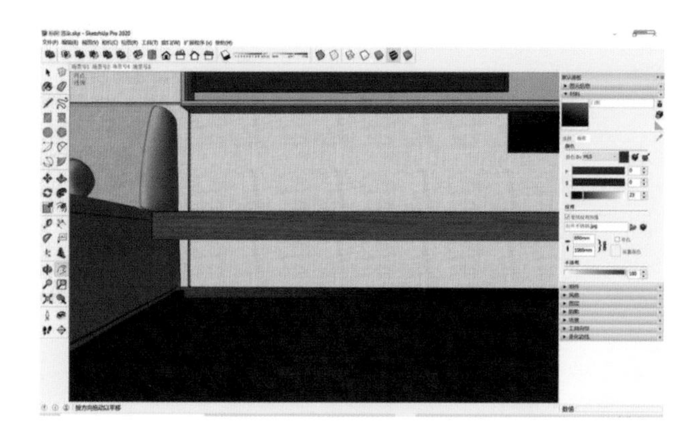

图 7-55　踢脚线材质赋予

第二节
Enscape 2.7 基本操作与室内渲染表现

Enscape 是专门为建筑、规划、室内、景观设计师打造的虚拟现实和实时渲染软件，用于建模后的渲染表现，大大降低了使用者的时间成本、渲染成本、学习成本和沟通成本，让使用者可以将更多的精力投入到设计作品的创意表达和雕琢上。

一、Enscape 2.7 基本操作

(一)Enscape 主工具栏

在 SketchUp 中单击【视图】→【工具栏】，再点击【Enscape】，调出 Enscape 主工具栏(见图 7-56)。

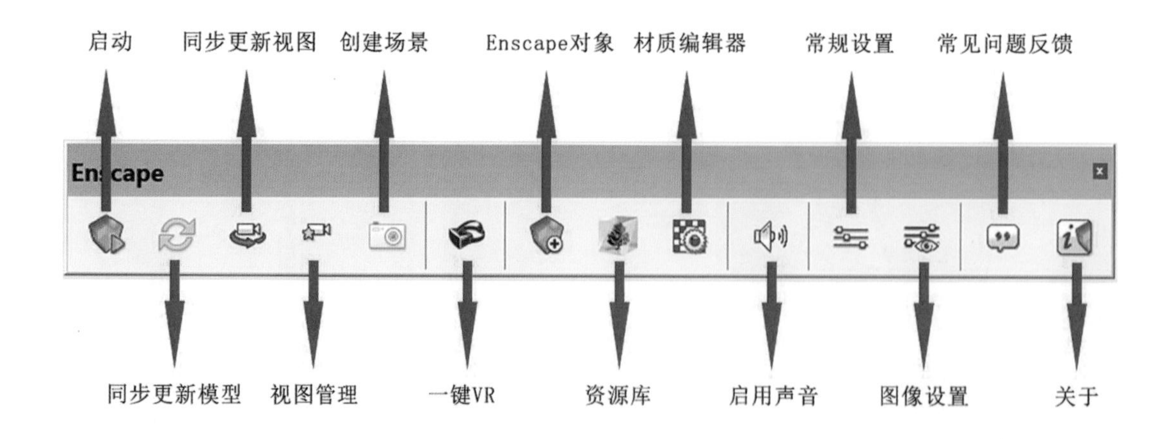

图 7-56　Enscape 主工具栏

(1)启动：单击该按钮，激活 Enscape 即时渲染命令，打开渲染窗口，激活 Enscape Capturing 输出工具栏中的按钮。

(2)同步更新模型 :激活此按钮,在 SketchUp 里对模型所做的任何更改都会即时同步到 Enscape 渲染窗口。

(3)同步更新视图 :激活此按钮,SketchUp 窗口视图与 Enscape 渲染窗口视图保持同步。

(4)视图管理 :单击该按钮,软件弹出显示 SketchUp 中所有场景的对话框,此时单击场景可直接切换至该场景视口。

(5)创建场景 :单击该按钮,将 Enscape 当前视角保存为 SketchUp 的场景页面。

(6)一键 VR :单击该按钮,可将 Enscape 中的显示内容一键同步至虚拟现实设备中。

(7)Enscape 对象 :创建 Enscape 的特殊物体,包含灯光、声音和代理对象。

(8)资源库 :单击该按钮,浏览 Enscape 资源库并放置于 SketchUp 中。

(9)材质编辑器 :单击该按钮,打开 Enscape 的材质编辑面板。

(10)启用声音 :单击该按钮,可开启/关闭场景中的声音。

(11)常规设置 :单击该按钮,弹出常规设置面板,在其中可对自定义、输入、设备、性能、网络、偏好等选项进行独立设置。

(12)图像设置 :单击该按钮,弹出全局设置面板,在其中可对渲染、环境、图像、输入等选项进行独立设置。

(13)常见问题反馈 :将运行 Enscape 时遇到的问题及日志文件反馈给 Enscape 官方。

(14)关于 :提交 Enscape 注册信息或连接到 Enscape 在线商店进行购买,设置 Enscape 更新提醒。

(二)Enscape 输出菜单栏

在 SketchUp 中单击【视图】→【工具栏】,再点击【Enscape Capturing】,调出 Enscape 输出菜单栏(见图 7-57)。

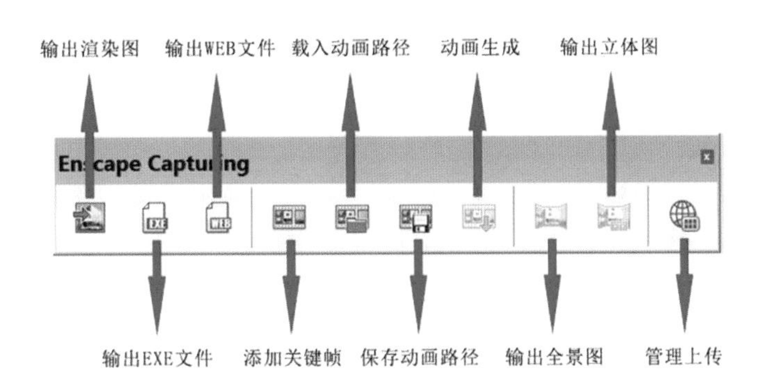

图 7-57 Enscape 输出菜单栏

(1)输出渲染图 :单击该按钮,软件弹出显示 SketchUp 中所有场景的对话框,此时单击场景可直接输出渲染图,保存格式可以是 PNG、JPG、TGA。

(2)输出 EXE 文件 :单击该按钮,将当前 Enscape 文件输出为一个可以独立运行且仅供查看的 EXE 文件,即使未安装 Enscape 也可以照常运行,以便与他人共享。

(3)输出 WEB 文件 :单击该按钮,将当前 Enscape 文件输出为 WEB 文件。

(4)添加关键帧 :单击该按钮,打开 Enscape 视频编辑面板。在视频编辑过程中可以添加关键帧、删除关键帧和预览动画。

(5)载入动画路径 :单击该按钮,在渲染过程中打开之前的保存文件,动画路径文件为 XML 格式。

(6)保存动画路径 :单击该按钮,将当前场景中制作的动画路径保存为 XML 格式的文件。

(7)动画生成 :单击该按钮,正式对当前设定的动画场景进行渲染出图,点击【Esc】键可中断渲染。

(8)输出全景图 :单击该按钮,针对该场景渲染输出一张全景图。

(9)输出立体图 :单击该按钮,针对该场景渲染输出一张立体全景图,用于谷歌的 Cardboard 等专用设备的浏览。

(10)管理上传 :单击该按钮,可查看和管理上传的全景图和网络独立版。

(三)Enscape 快捷键

单击 Enscape 主工具栏中的【启动】命令,弹出渲染场景窗口,可使用快捷键【H】开启/关闭 Enscape 快捷键(见图 7-58)。

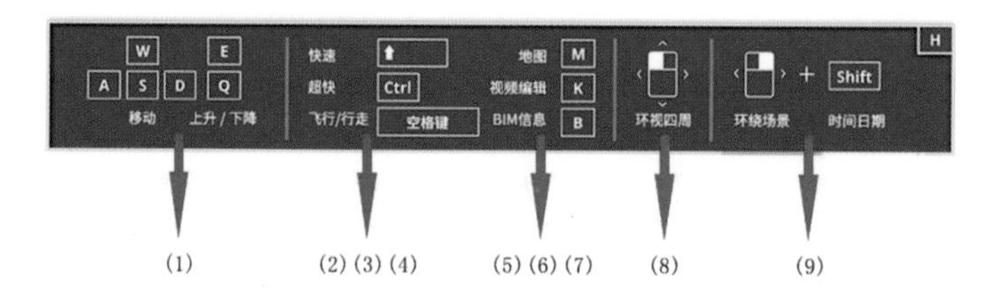

图 7-58　Enscape 快捷键

(1)移动模式,分以下两种模式。

①移动:【W】、【A】、【S】、【D】键分别控制渲染视图向前、后、左、右方向移动。

②上升/下降:【E】、【Q】键分别控制渲染视图的上升或下降。

(2)快速移动:快捷键【Shift】,结合方向键,实现加速移动。

(3)超快:快捷键【Ctrl】,结合方向键,实现超快速移动。

(4)飞行/行走:按空格键切换飞行、行走模式。

①在行走模式下自动开启物理碰撞功能,无法穿透墙体或实体障碍物。

②在飞行模式下不会受任何实体的阻碍。

③只有在飞行模式下才可以使用上升、下降功能。

(5)地图:快捷键【M】,开启画面小地图,利用鼠标滚轮缩放小地图,双击小地图上任意点可以快速切换到该平面位置。

(6)视频编辑:快捷键【K】,开启视频编辑面板。

(7)BIM 信息:快捷键【B】,开启 BIM 信息面板

(8)环视四周:即查看功能,使用鼠标左键控制渲染视角方向,类似于固定相机位置将镜头转动;使用鼠标右键将模型对象以鼠标位置为中心进行旋转;使用鼠标中键将视图进行平移,前后滚动滚轮可以控制视图的前进、后退;双击鼠标左键可以直接切换到鼠标点击位置。

(9)环绕场景+时间日期:同时按鼠标右键和【Shift】键,拖动鼠标水平向左或向右移动,可以调整场景的渲染,在渲染窗口右下方显示具体时间。

二、Enscape 2.7 室内渲染表现

(一)渲染准备

1. 操作思路

酒店客房建模完成之后,针对 SketchUp 模型进行检查与清理,检查时遵循从整体到局部的原则;分析

材质与灯光，确保建模过程中以正面为主面，利于渲染计算；检查完成之后，设定场景页面，进入渲染界面。

2. 操作步骤

(1)模型清理。点击【窗口】→【模型信息】(见图 7-59)，弹出【模型信息】对话框，选择【统计信息】，单击【清除未使用项】及【修正问题】命令，完成模型清理(见图 7-60)。

图 7-59 执行模型信息命令

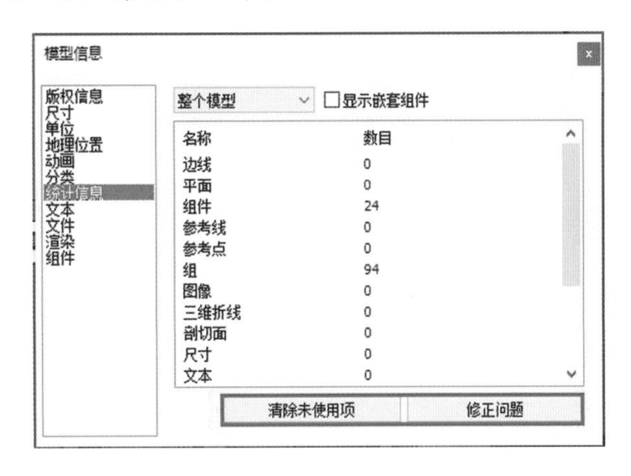

图 7-60 模型清理

(2)场景设置。基本检查完毕后，找到重点表现的场景，点击【视图】→【动画】→【添加场景】，设置场景页面(见图 7-61)。

(3)启动 Enscape 渲染。单击按钮，激活 Enscape 即时渲染命令，弹出渲染窗口，将时间设置为 13:30(见图 7-62)。

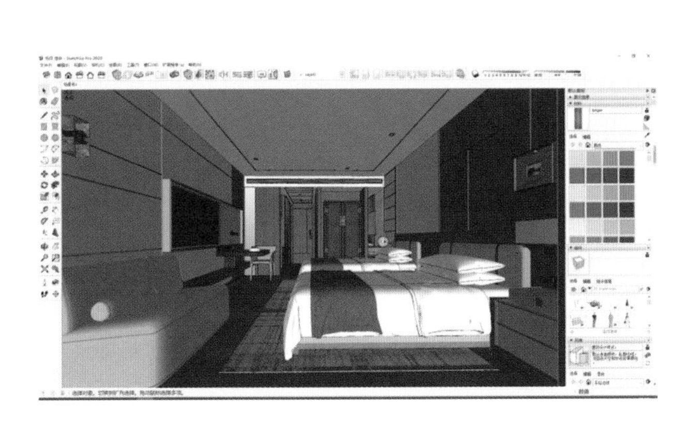

图 7-61 场景设置

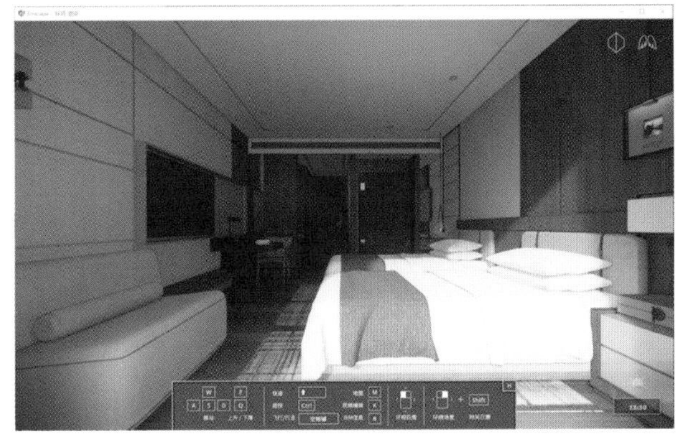

图 7-62 启动 Enscape 渲染

(二)材质设置

1. 操作思路

在渲染表现过程中模拟实体材质时，首先要了解物体的本质，通过物体表面属性参数(色彩、纹理、光滑度、透明度、反射率、折射率、发光度等)的设置，做出真实效果。材质的调整应遵循先大后小、从整体到局部的原则，例如按照从地面、墙面，再到陈设、软装，最后到细节的顺序进行调整，保证场景的整体渲染效果。

2. 操作步骤

(1)湿区地面大理石材质调整。单击材质编辑器，应用【材质】工具，执行样本材料命令，吸取湿区地面材质，将【反射】粗糙度设为 20.0%，体现哑光质感和防滑质地(见图 7-63)。

(2)干区地面木地板材质调整。应用【材质】工具，执行样本材料命令，吸取干区地面材质，将【凹凸】类型导入同样地面材质，选择凹凸贴图，将数量设为 1，实现材质肌理，将【反射】粗糙度设为 45.0%，体现哑光质感(见图 7-64)。

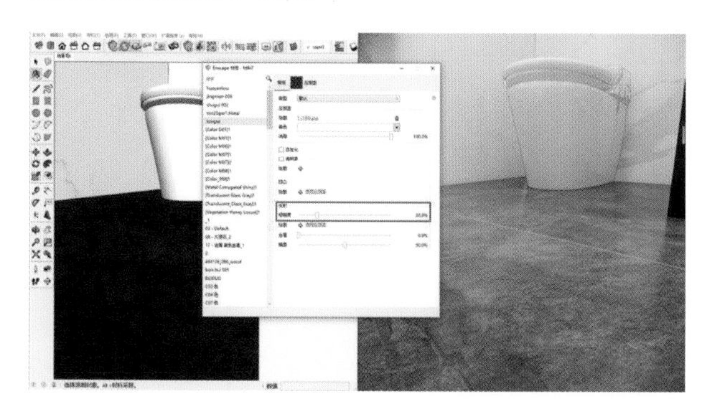

图 7-63　湿区地面材质调整

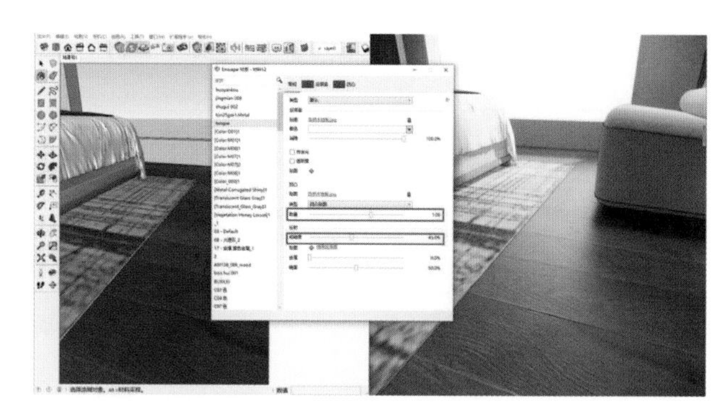

图 7-64　干区地面材质调整

(3)木饰面墙面材质调整。应用【材质】工具，执行样本材料命令，吸取木饰面墙面材质，将【凹凸】类型导入同样墙面材质，选择凹凸贴图，将数量设为 0.3，实现封闭漆木饰面肌理，将【反射】粗糙度设为 35.0%，体现哑光质感(见图 7-65)。

(4)硬包墙面材质调整。应用【材质】工具，执行样本材料命令，吸取硬包墙面布纹材质，将【凹凸】类型导入同样墙面材质，选择凹凸贴图，将数量设为 8.5，实现粗糙的材质肌理，【反射】粗糙度为 85.0%(见图 7-66)。

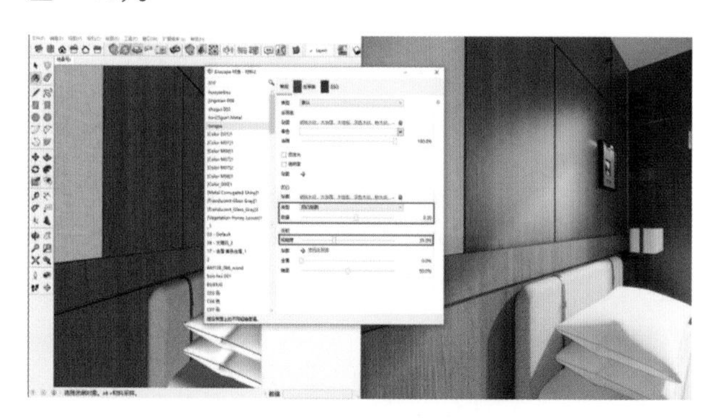

图 7-65　木饰面墙面材质调整

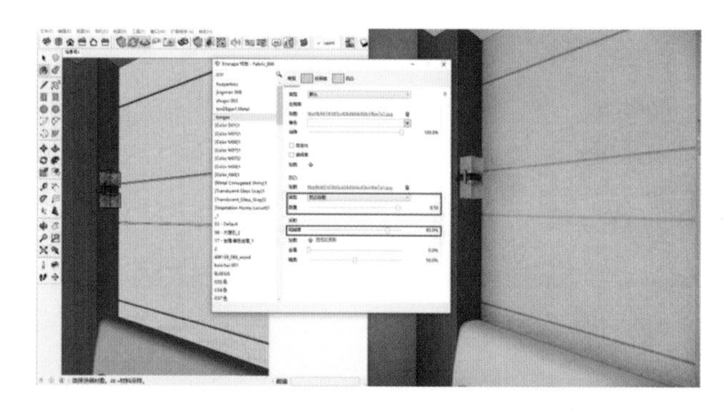

图 7-66　硬包墙面材质调整

(5)软包墙面材质调整。应用【材质】工具，执行样本材料命令，吸取软包墙面绒布材质，将【凹凸】类型导入同样墙面材质，选择凹凸贴图，将数量设为 3.0，实现材质肌理，【反射】粗糙度为 70.0%(见图 7-67)。

(6)湿区墙面材质调整。应用【材质】工具，执行样本材料命令，吸取湿区墙面大理石材质，将【反射】粗糙度设为 0.0%，镜面设为 80%，体现光泽度和通透感(见图 7-68)。

图 7-67　软包墙面材质调整

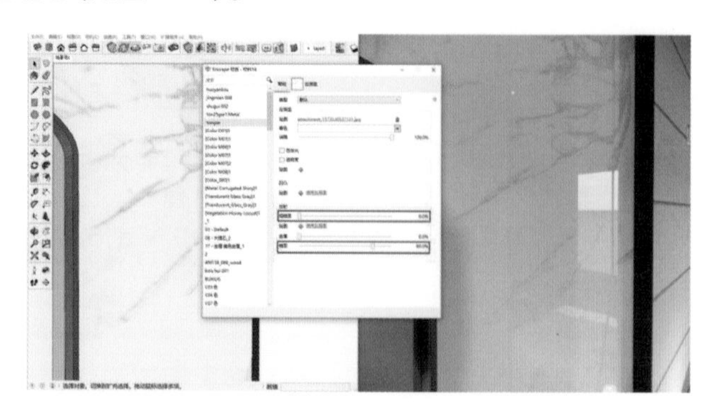

图 7-68　湿区墙面材质调整

(7)镜面材质调整。应用【材质】工具，执行样本材料命令，吸取镜面材质，将【反射】粗糙度设为0.0%，金属设为100%，实现镜面反射效果(见图7-69)。

(8)电视及背景板材质调整。应用【材质】工具，执行样本材料命令，吸取电视机屏幕材质，将【反照率】颜色设为深黑色，【反射】粗糙度设为0.0%，实现镜面反射效果(见图7-70)；吸取电视背景板皮革材质，将【凹凸】类型导入同样皮革材质，选择凹凸贴图，将数量设为5.0，实现荔枝纹皮革肌理，【反射】粗糙度为25.0%(见图7-71)。

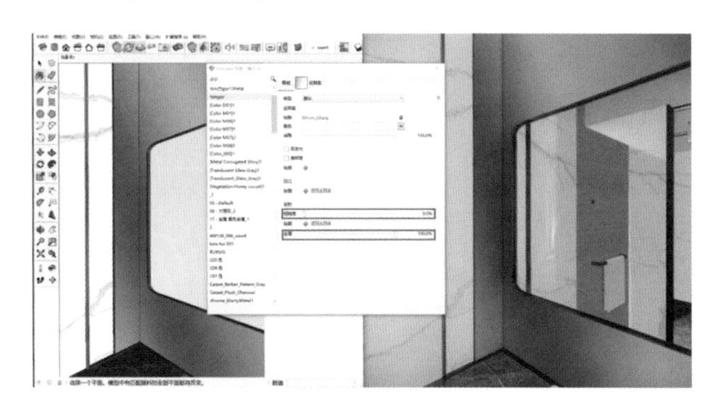

图7-69　镜面材质调整

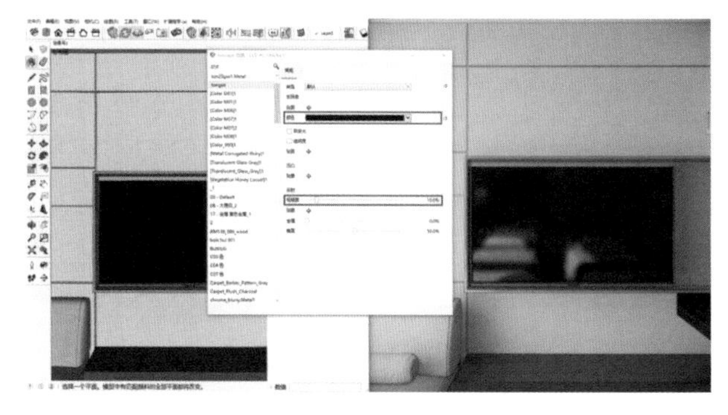

图7-70　电视机屏幕材质调整

(9)门框、踢脚线材质调整。应用【材质】工具，执行样本材料命令，吸取门框、踢脚线拉丝不锈钢材质，将【凹凸】类型导入同样金属材质，选择凹凸贴图，将数量设为0.5，实现金属肌理，【反射】粗糙度为15.0%，金属为85.0%，镜面为85.0%(见图7-72)。

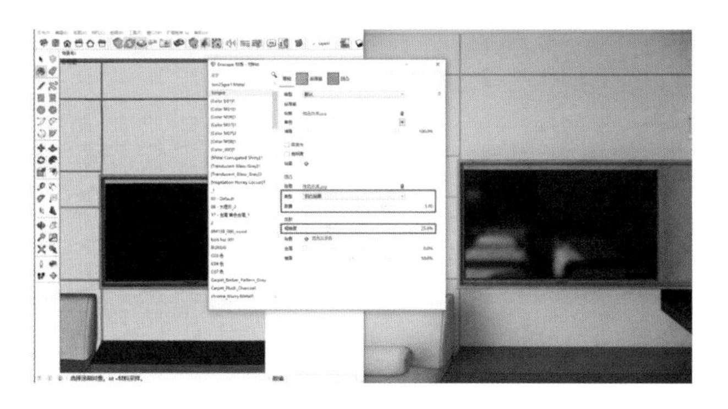

图7-71　皮革材质调整

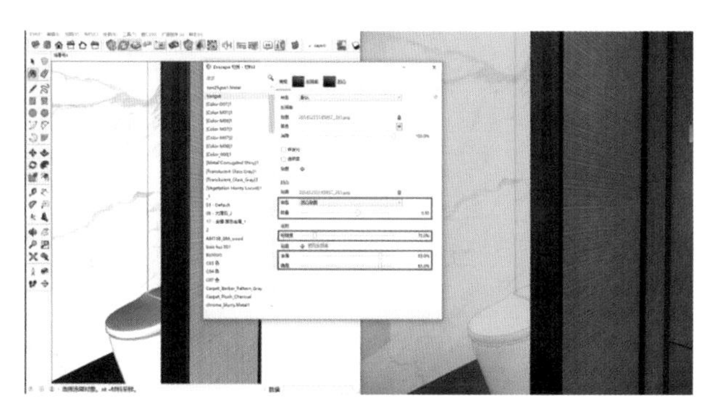

图7-72　拉丝不锈钢材质调整

(10)玻璃门材质调整。应用【材质】工具，执行样本材料命令，吸取玻璃材质，勾选【不透明度】，将不透明度设为45.0%，着色设为深灰绿色，折射率设为1.33，勾选磨砂玻璃，将【反射】粗糙度设为20.0%，形成半透明材质(见图7-73)。

(11)衣柜门材质调整。应用【材质】工具，执行样本材料命令，吸取柜门材质，将【凹凸】类型导入同样木纹材质，选择凹凸贴图，将数量设为2.0，实现封闭漆木纹肌理，将【反射】粗糙度设为60.0%，体现哑光质感(见图7-74)。

(12)皮椅材质调整。应用【材质】工具，执行样本材料命令，吸取皮椅材质，将【凹凸】类型导入同样皮革材质，选择凹凸贴图，将数量设为−3.0，【反射】粗糙度设为20.0%，体现哑光质感(见图7-75)。

(13)地毯材质调整。应用【材质】工具，执行样本材料命令，吸取皮椅材质，将【凹凸】类型导入纹理，在配套“第七章\素材”文件夹中选择“地毯纹理”贴图，选择凹凸贴图，将数量设为6.0，【反射】粗糙度设为75.0%，体现地毯簇绒质感(见图7-76)。

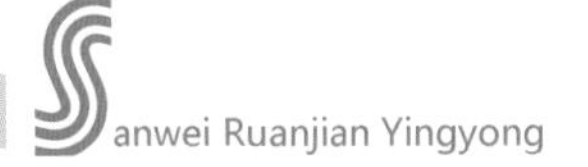

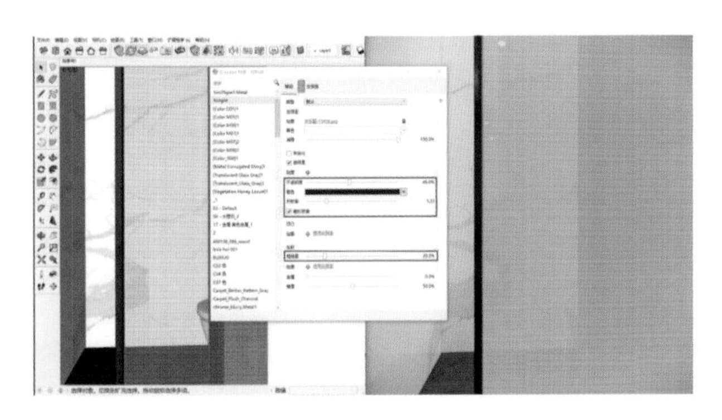

图 7-73　玻璃门材质调整

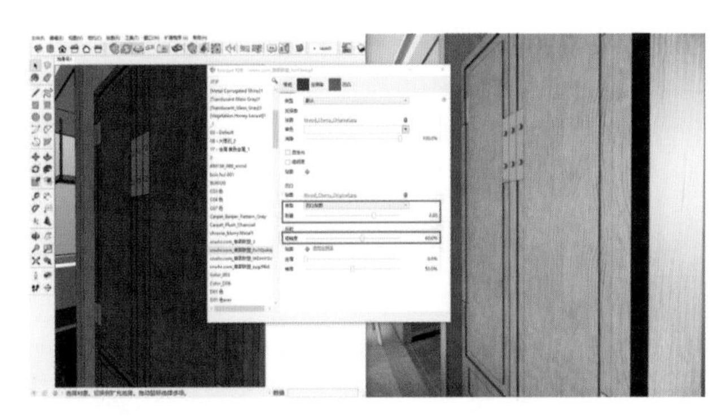

图 7-74　衣柜门材质调整

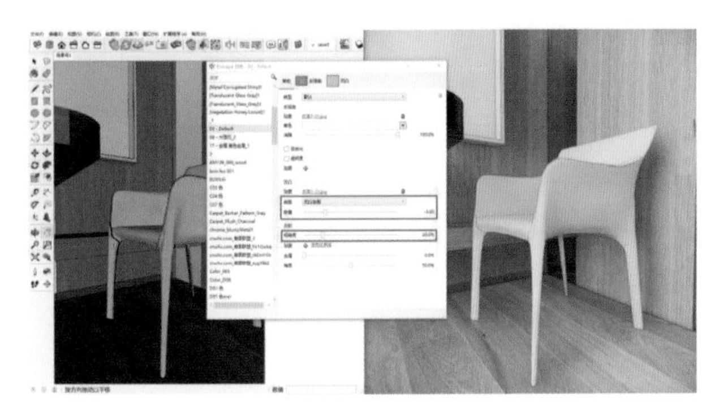

图 7-75　皮椅材质调整

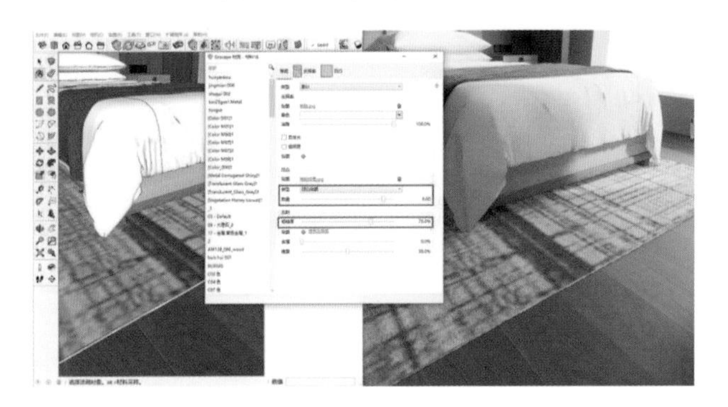

图 7-76　地毯材质调整

(14)床品材质调整。可根据床品的具体布料进行材质调整,【反射】粗糙度为 68.0%(见图 7-77)。

(三)灯光设置

1. 操作思路

灯光效果对室内渲染表现尤为重要,在渲染过程中先确定主体光的位置和强度,再确定辅助光的强度与角度,最后分配背景光和装饰光。通过对灯光强度、色温等参数的设置,完成室内照明设计。

2. 操作步骤

(1)射灯自发光。应用【材质】工具,执行样本材料命令,吸取射灯表面材质,在 Enscape 工具栏中单击材质编辑器,在其面板中勾选【自发光】,将亮度设为 20 000 cd/m^2,颜色设为白色(见图 7-78)。

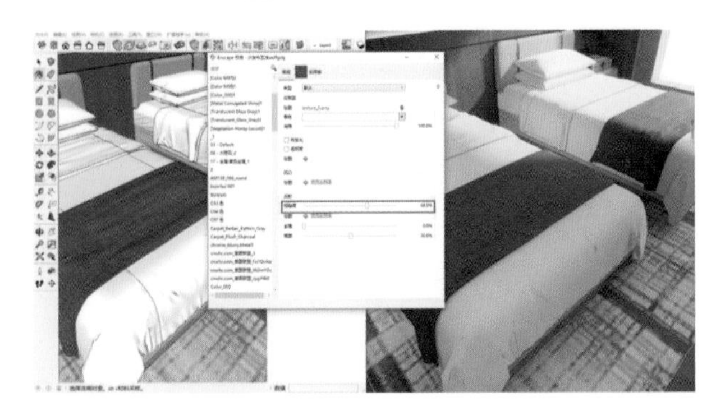

图 7-77　床品材质调整

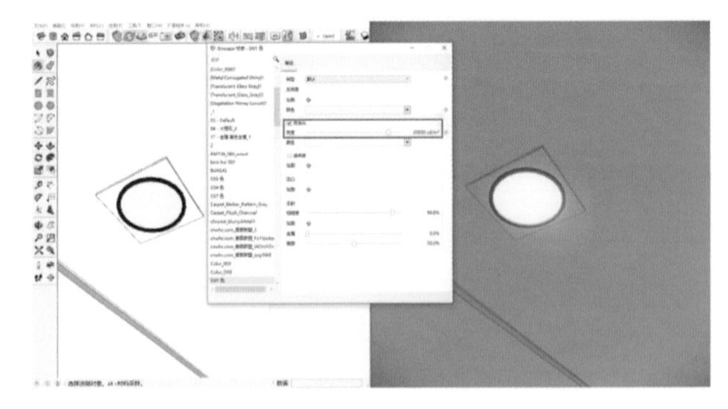

图 7-78　射灯自发光

(2)Enscape 对象:射灯。在弹出的【Enscape 对象】对话框中选择【射灯】选项。在 SketchUp 场景中,分四步放置射灯。第一步,单击确定光源所在平面。第二步,单击确定光源所在平面的高度。第三步,单击确定光照朝向。第四步,单击确定光束展开角度(见图 7-79)。发光强度和光束角度决定了射灯照度与照明范围(见图 7-80)。

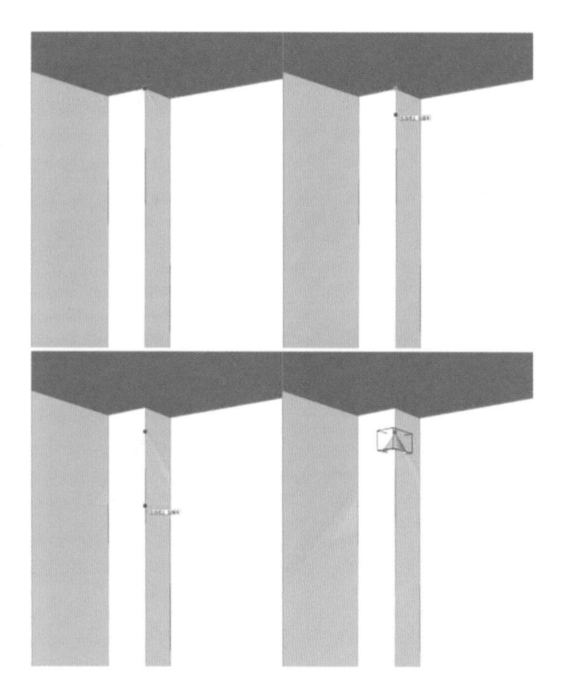

图 7-79　放置射灯步骤

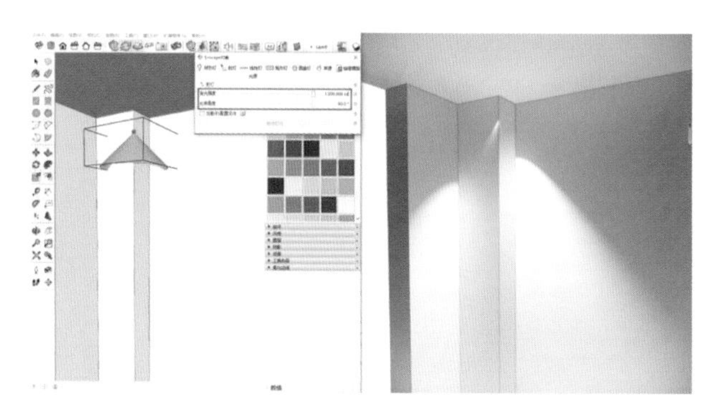

图 7-80　发光强度和光束角度

(3)IES 文件。为提升射灯渲染效果,可勾选【射灯】面板中的【加载 IES 配置文件】,在配套“第七章\素材\光域网”文件夹中选择“13. IES”文件,加载使用,将发光强度设为 52 500 cd,此时空间灯光柔和且自然(见图 7-81)。

(4)复制射灯。将设置的 Enscape 对象——射灯,按照空间照明需要,复制到客房空间中,在复制时注意灯光宜精不宜多,按明暗分布合理的原则进行设置(见图 7-82),同时注意观察 Enscape 渲染界面的即时效果(见图 7-83)。

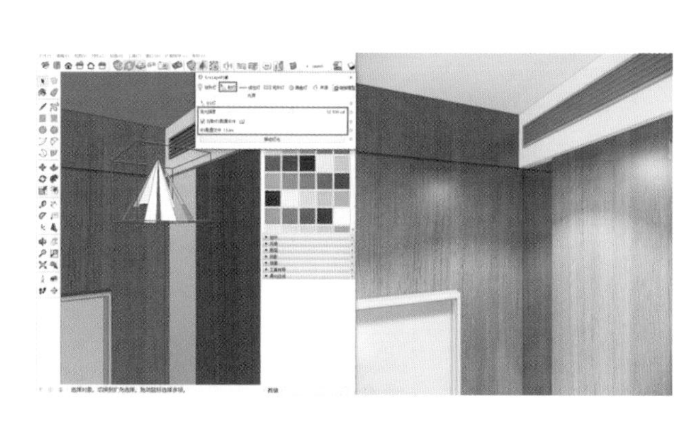

图 7-81　射灯渲染效果

图 7-82　复制射灯

(5)Enscape 对象:矩形灯。在弹出的【Enscape 对象】对话框中选择【矩形灯】,将发光功率设为 80 lm,宽度设为 0.03 m,长度设为 3.00 m,使用【移动】工具将矩形灯移动至天花暗藏灯带处(见图 7-84)。

(6)复制矩形灯。将设置好的 Enscape 对象——矩形灯,按照空间照明需要,复制到客房空间中,如电视背景墙处(见图 7-85)。

(7)Enscape 对象:球灯。在弹出的【Enscape 对象】对话框中选择【球灯】,将发光强度设为 1000 cd,半径设为 0.02 m,使用【移动】工具将球灯移动至吊灯处(见图 7-86)。

图 7-83　渲染界面的即时效果

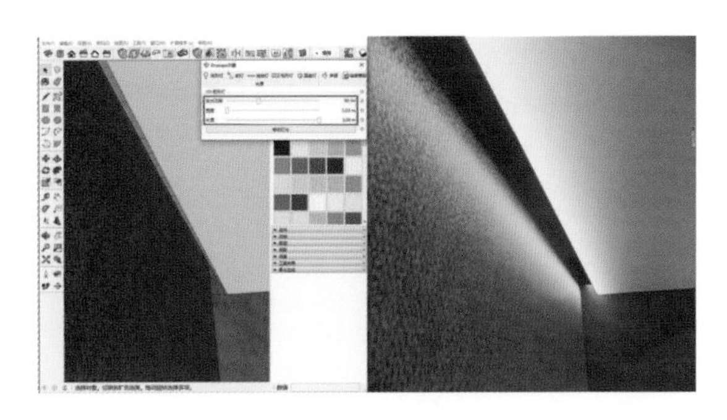

图 7-84　矩形灯渲染效果

图 7-85　复制矩形灯

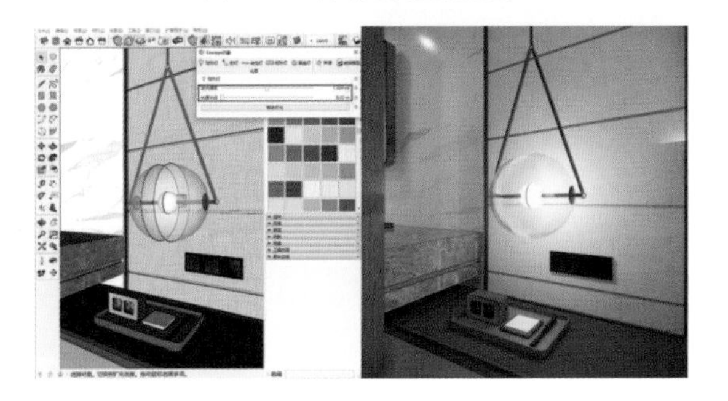

图 7-86　球灯渲染效果

(四)渲染输出

1. 操作思路

材质、灯光参数设置完成之后,在 Enscape 中设置渲染角度,完成全局设置即可输出图片、EXE 文件、视频等渲染成果。

2. 操作步骤

(1)精度设置。单击【图像设置】按钮,弹出【图像设置】对话框,在【渲染】面板中,将渲染质量设为最好(见图 7-87)。

(2)输出设置。根据所需分辨率自主选择分辨率大小;勾选【导出对象 ID、材质 ID 和深度通道】,以便后期用 Photoshop 进行二次处理;将保存格式设为 JPG 格式(见图 7-88)。

(3)渲染输出。单击【输出渲染图】按钮,软件弹出显示 SketchUp 中所有场景的对话框,选择【场景号 1】(见图 7-89),单击【渲染】,直接输出渲染图并用 Photoshop 进行二次处理,最终形成酒店客房空间环境效果图(见图 7-90)。

图 7-87　精度设置

图 7-88　输出设置

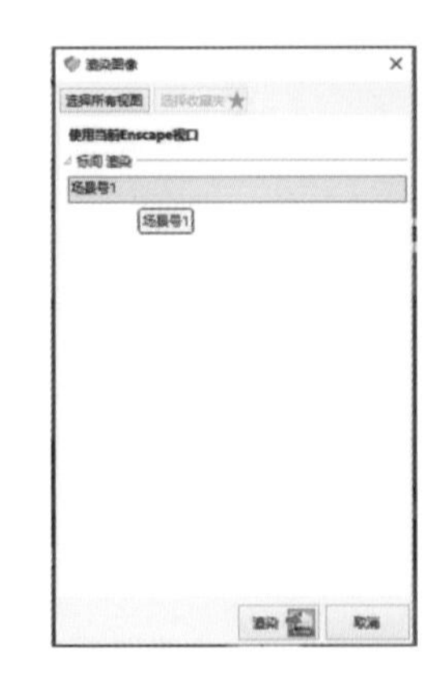

图 7-89　输出场景号 1

图 7-90 酒店客房空间环境效果图表现(设计与表现:卢睿泓)

实训项目三:室内空间效果图表现

【实训目的】

掌握 SketchUp 2020 室内空间环境建模与材质赋予的技巧与方法;掌握利用 Enscape 2.7 进行室内效果图表现的技巧与方法。要求室内模型尺度准确,制作精细,材质真实且富有质感,整体表现效果突出。

【实训内容】

室内空间环境表现。

【融入思政元素】

党的十九大报告提出:"文化自信是一个国家、一个民族发展中更基本、更深沉、更持久的力量。"文化自信和中华优秀传统文化密切相关,我们的文化自信要建立在传承和弘扬中华优秀传统文化,以及创造性转化、创新性发展的基础上。在进行室内空间的三维表达时,可融入我国的传统文化,从而培养学生的文化自信与文化创新能力。

【融入创新创业精神】

建立调研机制,通过具体案例的讲解与分析,启发学生的创意思维,并逐步培养学生的创新能力。

【融入 OBE 教育理念】

实施 OBE 教育模式,把课程团队正在做或已经做的项目融入课程中,强调课内与课外、课堂教学与自主学习相结合,创建基于 OBE 教育理念的课堂教学评价体系,提高学生的实际操作能力和岗位专业技能,培养学生分析问题、提出问题和解决问题的能力,提高学生的竞争力。

【考核办法和要求】

(1)能独立完成室内空间模型的绘制,并掌握相关技法;

(2)室内空间模型尺寸准确,满足功能与形式要求;

(3)利用 Enscape 完成室内空间效果图表现。

第八章

室外景观效果图表现

本章概述

本章主要讲解校园景观环境表现，由景观环境建模与材质赋予、Lumion 9.0 景观环境表现与漫游动画制作两部分组成。第一节通过校园景观环境的建模来讲解室外环境建模的流程与方法及材质赋予的技巧。第二节通过校园景观环境的表现来讲解 Lumion 9.0 的基本操作。

学习目标

使学生掌握 SketchUp 2020 的景观环境建模流程与方法及材质赋予的技巧；同时掌握 Lumion 9.0 的常用命令及室外景观环境效果图表现和漫游动画制作的方法与技巧。

第一节 景观环境建模与材质赋予

一、景观环境建模

（一）景观平面图的绘制

1. 操作思路

（1）有景观施工图。

在有景观施工图的情况下，首先在 CAD 里根据实际情况处理景观平面图的图层，把图层中不需要的线条、填充图案等全部清除掉，做好简化版的 CAD 图层。然后把 CAD 平面图分层导入 SketchUp。

（2）没有景观施工图。

如果没有景观施工图，就直接在 SketchUp 中进行景观平面图的绘制。用直线工具、矩形工具、圆工具、圆弧工具等绘制工具绘制平面图，用偏移、移动、旋转、缩放等编辑工具绘制景观造型细部，用推拉工具使模型成为三维造型。

2. 操作步骤

在室内环境建模部分，我们采用了在 SketchUp 中导入 CAD 模型的方法进行平面图的绘制。因此，这个案例我们讲解在没有施工图辅助的情况下，如何在 SketchUp 中直接绘制景观平面图。

（1）设置单位。单击菜单栏中的【窗口】，点击【模型信息】（见图 8-1）；再选择【单位】，将单位设置成毫米（见图 8-2）。

（2）绘制校园景观环境平面图。根据校园景观环境的实际情况，用直线工具、矩形工具、圆工具、圆弧工具等绘制工具绘制景观平面图（见图 8-3）。注意在绘制的过程中所有区域都是封闭的图形。

（3）偏移宽度。应用【偏移】工具，对需要偏移区域的边线进行偏移（见图 8-4）。

（4）拉伸高度。应用【推/拉】工具，根据造型要求，将各个区域拉伸出一定高度（见图 8-5）。

（5）细化模型。运用绘图与编辑工具，对景观模型进行细化（见图 8-6）。

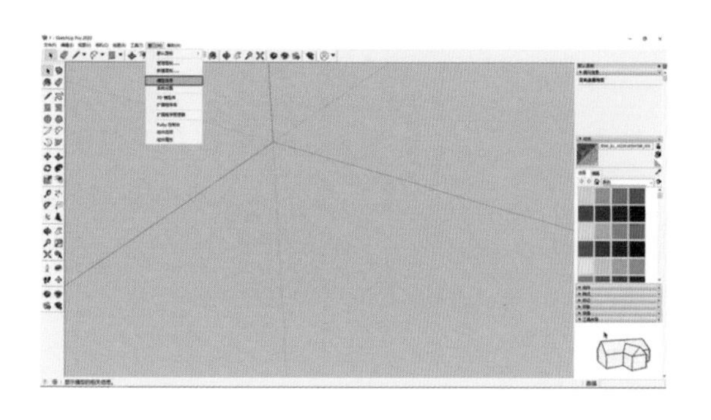

图 8-1　选择模型信息

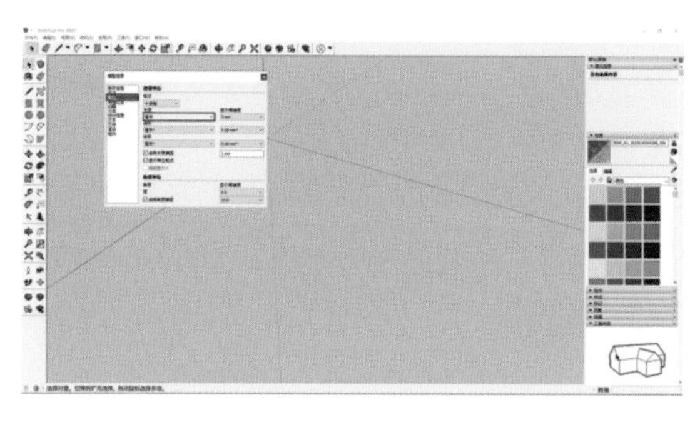

图 8-2　将单位设置成毫米

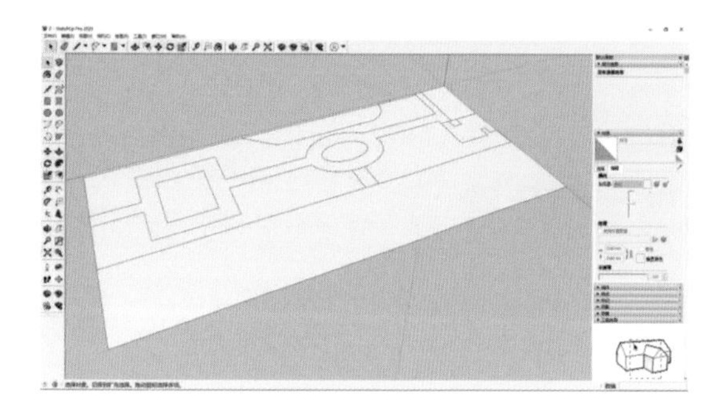

图 8-3　校园景观环境平面图

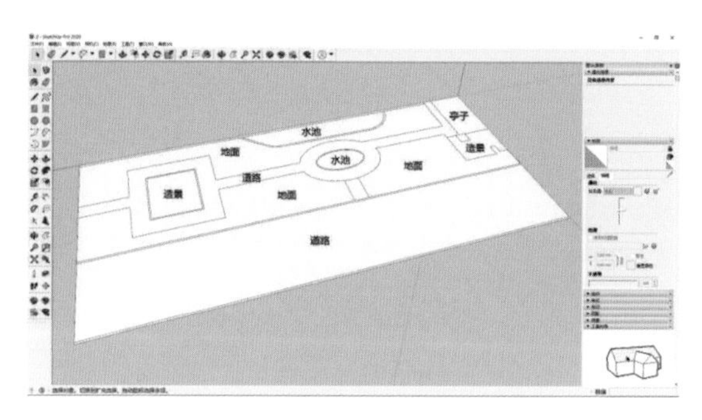

图 8-4　用偏移工具绘制轮廓线

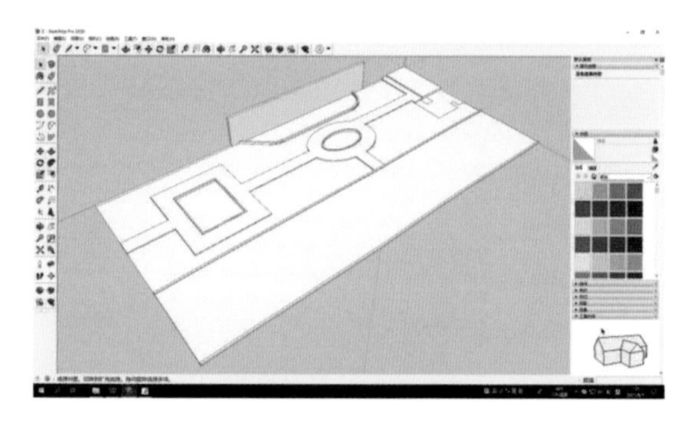

图 8-5　对各区域进行拉伸

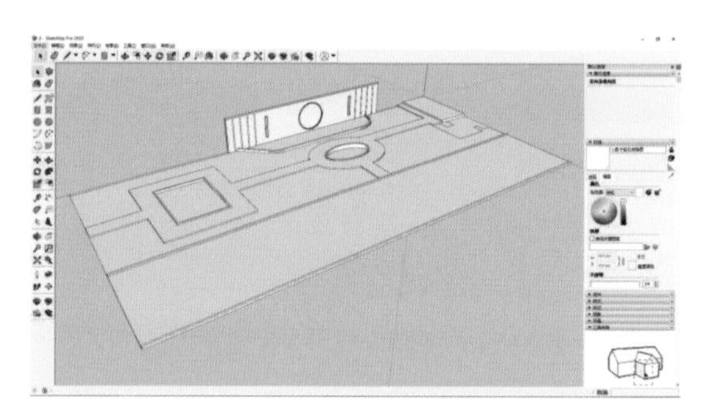

图 8-6　景观模型细化

(二)导入模型

1. 操作思路

导入模型的时候要根据景观设计的风格、尺度等有选择性地进行导入。首先,由于本次制作的校园室外环境景观模型为现代中式风格,因此导入的模型素材也要迎合整个空间的风格定位。其次,因为现在所用的环境模型大部分都是自带材质的,所以导入过程中模型的大部分材质可以保留,只需对少部分进行调整。最后,由于这个案例是用 SketchUp 与 Lumion 两个软件进行绘制的,有些模型如植物、公共设施、周边环境等可以在 Lumion 中制作。下面讲解如何在 SketchUp 导入相应的模型。

2. 操作步骤

(1)导入亭子。点击【文件】→【导入】,打开配套“第八章\素材”文件夹,将亭子导入场景中,并移动到相应位置(见图 8-7)。

(2)导入水景。打开配套“第八章\素材”文件夹,将水景导入场景中,并移动到相应位置(见图 8-8)。

图 8-7　导入亭子

图 8-8　导入水景

（3）导入碎石铺地。打开配套“第八章\素材”文件夹，将碎石铺地导入场景中，并移动到相应位置（见图8-9）。用【移动】工具复制碎石铺地模型，将整个景观的地面铺满，然后通过【Delete】键与【缩放】工具删除多余的部分（见图 8-10）。

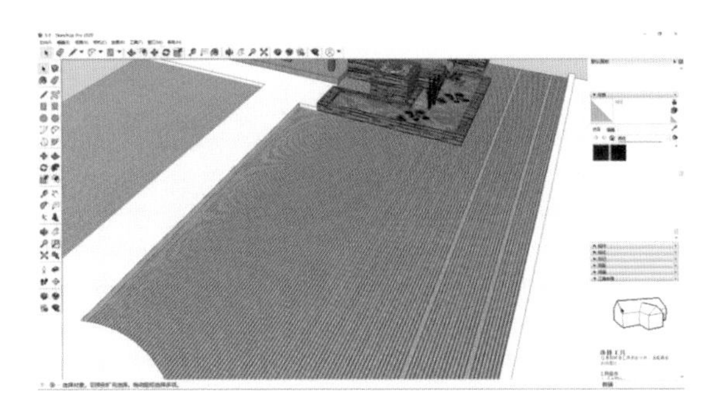

图 8-9　导入碎石铺地

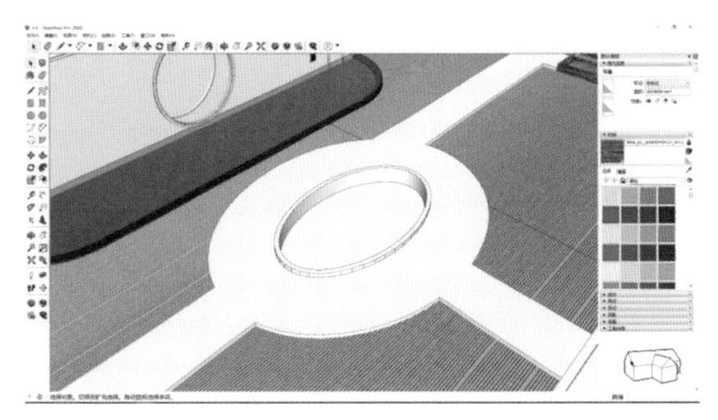

图 8-10　复制碎石铺地并删除多余部分

（4）导入水景雕塑。打开配套“第八章\素材”文件夹，将鱼形雕塑导入场景中，并移动到相应位置（见图8-11）；打开配套“第八章\素材”文件夹，将圆形雕塑导入场景中，并移动到相应位置（见图 8-12）。

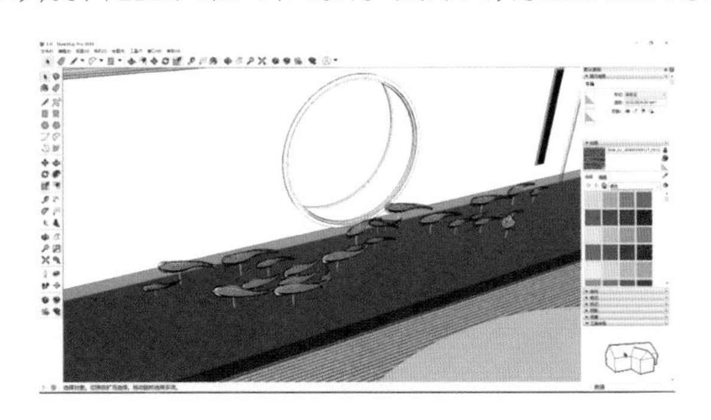

图 8-11　导入鱼形雕塑

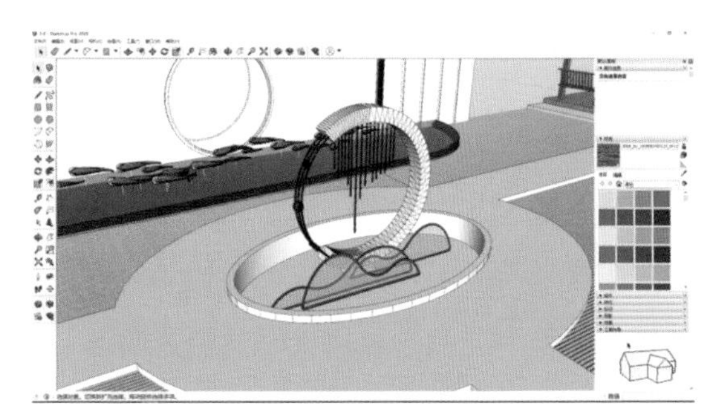

图 8-12　导入圆形雕塑

（5）导入景观造景。打开配套“第八章\素材”文件夹，将景观造景导入场景中，并移动到相应位置（见图 8-13）；用同样的方法把其他造景导入场景中，并移动到相应位置（见图 8-14）。

（6）导入地灯。打开配套“第八章\素材”文件夹，将中式地灯导入场景中，并移动到相应位置（见图 8-15）；用【移动】工具复制地灯，完成两个地灯的模型（见图 8-16）。用同样的方法将地灯复制到其他位置（见图 8-17）。

图 8-13　导入景观造景

图 8-14　导入其他造景

图 8-15　导入地灯

图 8-16　复制地灯

图 8-17　将地灯复制到其他位置

二、景观环境材质赋予

(一)景观平面图材质赋予

1. 操作思路

用 SketchUp＋Lumion 组合制作景观环境的材质。在 SketchUp 中只需给材质赋予贴图，然后调整材质贴图的大小或尺度即可，而在 Lumion 中需要调整材质的质感。景观平面图材质赋予主要是景观地面、水面、道路等的大面积材质赋予。

2. 操作步骤

(1)景观地面材质赋予。点击【材质】工具，执行创建材质命令，将材质命名为“景观地面铺装”，在配套“第八章\素材”文件夹中选择“景观地面铺装”贴图，并将宽度与高度设置为 1200 mm×904 mm(见图 8-18)，对景观地面赋予材质。用【材质】工具对景观地面的侧面进行材质赋予(见图 8-19)。用此方法对其他部分的景观地面赋予材质。

(2)花坛侧石材质赋予。点击【材质】工具，执行创建材质命令，将材质命名为“花坛侧石”，在配套“第八章\素材”文件夹中选择“花坛侧石”贴图，并将宽度与高度设置为 305 mm×305 mm(见图 8-20)，对花坛侧石赋予材质。用此方法对其他部分的花坛侧石赋予材质。对场景中同样使用此材质的水池侧石及道路沿石进行材质赋予(见图 8-21 和图 8-22)。

(3)路面材质赋予。点击【材质】工具，执行创建材质命令，将材质命名为“路面材质”，在配套“第八章\素材”文件夹中选择“路面材质”贴图，并将宽度与高度设置为 6150 mm×3075 mm(见图 8-23)，对路面赋予材质。选择路面材质，点击鼠标右键，选择【纹理】→【位置】(见图 8-24)，调整路面材质贴图的位置(见图 8-25)。

图 8-18　景观地面铺装材质赋予

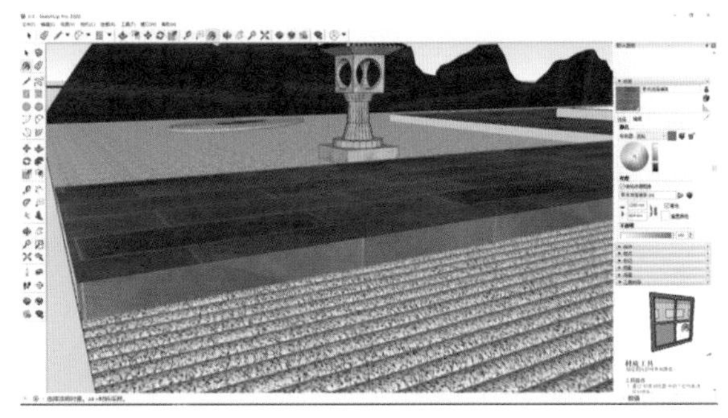

图 8-19　侧面材质赋予

图 8-20　花坛侧石材质赋予

图 8-21　水池侧石材质赋予

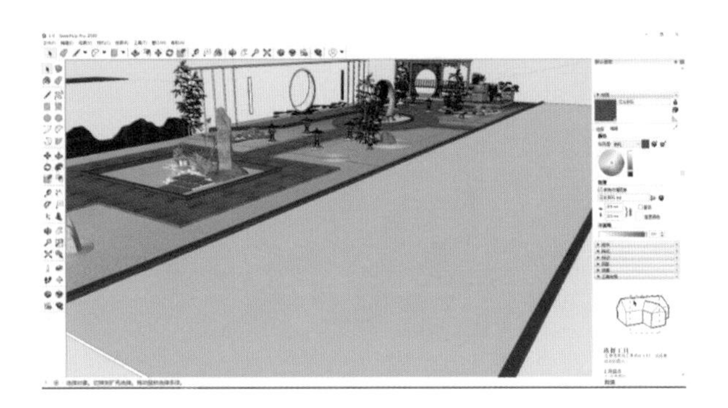

图 8-22　道路沿石材质赋予

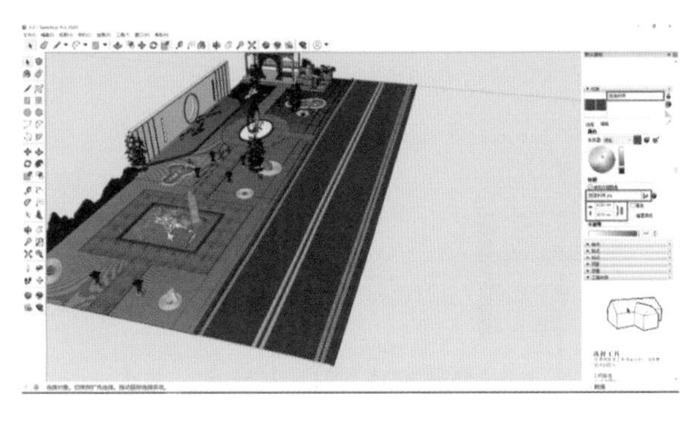

图 8-23　路面材质赋予

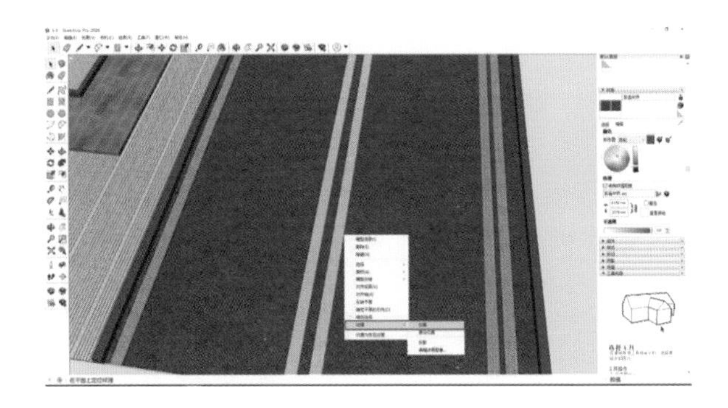

图 8-24　调整路面材质

图 8-25　路面材质调整完成

(4)水面材质赋予。点击【材质】工具，执行创建材质命令，将材质命名为“水面材质”，将颜色设置为蓝色，不透明度调整为 60(见图 8-26)，对水面赋予材质(见图 8-27)。

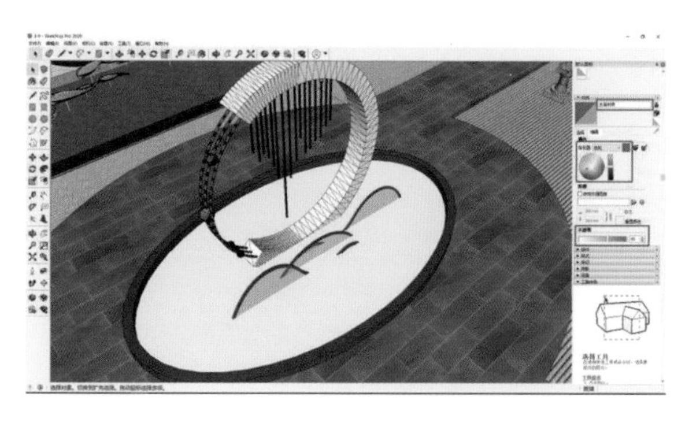

图 8-26　水面材质设置

图 8-27　水面材质赋予

(二)景观设施材质赋予

1. 操作思路

由于导入的景观设施模型很多都是自带材质的,所以只需对自建的景观设施、没有材质的景观设施及需要改变材质的景观设施进行材质赋予。

2. 操作步骤

(1)景观墙材质赋予。点击【材质】工具,执行创建材质命令,将材质命名为“景观墙材质”,在配套“第八章\素材”文件夹中选择“景观墙材质”贴图,并将宽度与高度设置为 69 594 mm×123 746 mm,对景观墙赋予材质(见图 8-28)。

(2)雕塑材质赋予。点击【材质】工具,选择金属材质类型(见图 8-29),再选择其中的不锈钢拉丝,对圆形雕塑赋予材质(见图 8-30);选择其中的金属银,对鱼形雕塑赋予材质(见图 8-31)。

图 8-28　景观墙材质赋予

图 8-29　选择金属材质类型

图 8-30　圆形雕塑材质赋予完成

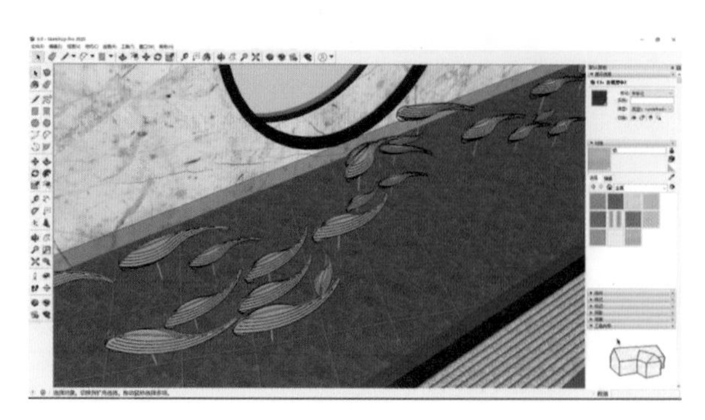

图 8-31　鱼形雕塑材质赋予完成

第二节
Lumion 9.0 景观环境表现与漫游动画制作

一、Lumion 9.0 景观环境表现

(一)景观环境建模

1. 操作思路

Lumion 9.0 景观环境建模主要是通过地形系统及物体系统对景观地形及设施、人物进行建模。这次的校园景观案例就是利用地形系统制作景观周边环境,再利用物体系统丰富景观设施及景观中的人物的。

2. 操作步骤

(1)打开 Lumion 9.0,将语言设置为简体中文,选择 Plain(平原)(见图 8-32),进入场景(见图 8-33)。

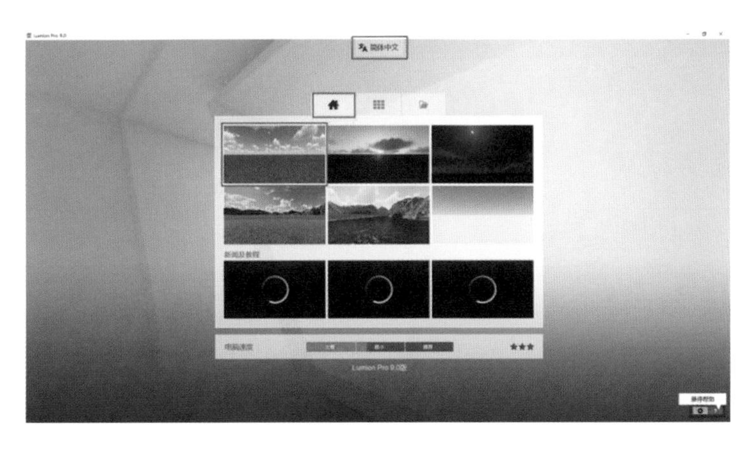

图 8-32 选择平原

图 8-33 进入 Lumion 9.0 场景

(2)导入校园景观场景。首先，在 SketchUp 2020 中检查模型的正反面有没有问题，如有问题则需更改。因为模型的反面在 Lumion 中是不会显示的，或者说呈透明状态。然后，选择【文件】→【另存为】，把保存类型选择为 SketchUp 2018 版本（因为 Lumion 9.0 最高只能打开 SketchUp 2018 版本的文件，所以保存类型只能选择 SketchUp 2018 及以下的版本）（见图 8-34）。最后，在 Lumion 9.0 中选择【物体】→【导入新模型】（见图 8-35）。在配套“第八章\素材”文件夹中选择“校园景观环境 2018”模型，点击【打开】（见图 8-36），出现【导入模型】对话框，把模型命名为“SU2018”（见图 8-37），点击下面的对钩即可完成场景导入（见图 8-38）。

(3)利用地形系统制作景观周边环境。点击【景观】→【提升高度】（见图 8-39），并通过【笔刷尺寸】来调节笔刷大小，进行地形的绘制（见图 8-40），如画错可以通过【取消】命令撤销。结合【降低高度】与【平滑】命令，最终地形绘制完成（见图 8-41）。

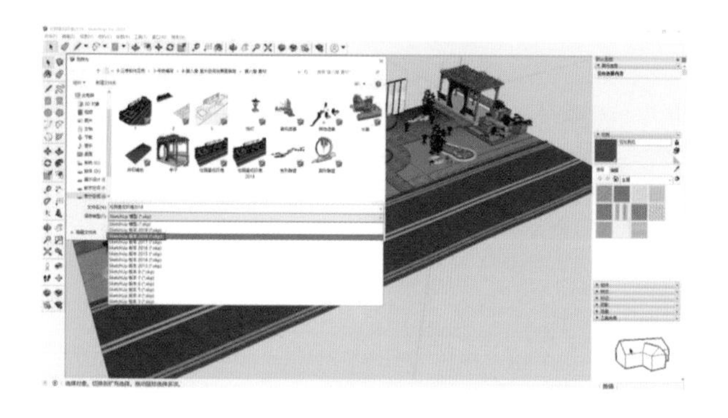

图 8-34　把景观模型保存为 SketchUp 2018 版本

图 8-35　选择【物体】→【导入新模型】

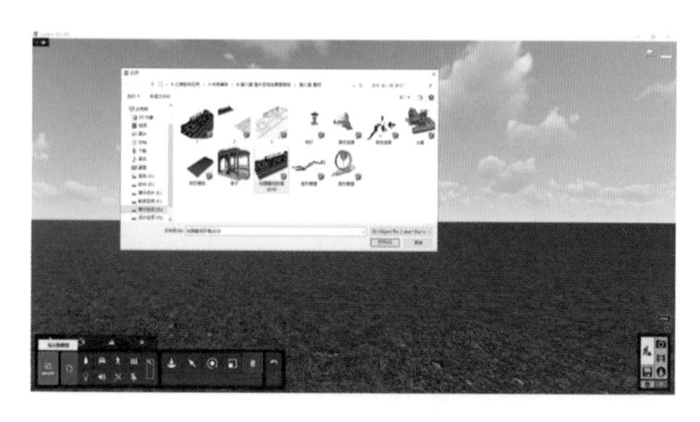

图 8-36　选择并打开景观模型

图 8-37　模型命名

图 8-38　景观场景导入完成

图 8-39　点击【景观】→【提升高度】

图 8-40　绘制地形

图 8-41　地形绘制完成

(4)利用物体系统制作景观周边植物。点击【物体】→【自然】→【阔叶树】(见图 8-42),选择相应的树木,在场景中点击鼠标左键,该树木即可出现在场景中(见图 8-43)。用此方法完成景观周边植物的绘制(见图 8-44)。

(5)利用物体系统制作景观内部植物。点击【物体】→【自然】→【针叶树】,选择需要的树木置入场景(见图 8-45)。用此方法完成景观内部植物的绘制(见图 8-46)。

图 8-42　点击【物体】→【自然】

图 8-43　将选择的树木摆放到场景指定位置

图 8-44　完成景观周边植物的绘制

图 8-45　选择需要的树木置入场景

(6)利用物体系统制作路灯、垃圾桶等公共设施。点击【物体】→【室外】→【照明】(见图 8-47),选择需要的路灯置入场景。用此方法完成景观内部路灯的创建(见图 8-48)。点击【物体】→【室外】→【垃圾】,完成景观内部垃圾桶的创建(见图 8-49)。

图 8-46　完成景观内部植物的绘制

图 8-47　点击【物体】→【室外】→【照明】

图 8-48　完成景观内部路灯的创建

图 8-49　完成景观内部垃圾桶的创建

(7)利用物体系统制作人物、车辆。点击【物体】→【室外】→【人和动物】,选择需要的人物置入场景(见图 8-50),注意利用绕 Y 轴旋转工具或按快捷键【R】调整人物的方向(见图 8-51)。用此方法完成景观内部人物的创建(见图 8-52)。点击【物体】→【室外】→【交通工具】→【轿车】,选择需要的车辆置入场景(见图 8-53),完成景观内部车辆的创建(见图 8-54)。

图 8-50　选择需要的人物置入场景

图 8-51　调整人物方向

图 8-52　完成景观内部人物的创建

图 8-53　选择需要的车辆

(二)景观环境材质表现

1. 操作思路

由于之前在 SketchUp 中已经设置好不同材质的贴图,因此在利用 Lumion 9.0 进行材质表现时,只需要着重调整材质的质感或替换不满意的 SketchUp 中的材质。下面对碎石铺地、硬质铺装、道路、水面等材质进行调整。

2. 操作步骤

(1)碎石铺地材质调整。点击【材质】并选中物体,物体被选中后会显示绿色(见图 8-55)。选择材质库的【标准】类型(见图 8-56),打开【材料属性】对话框,这里参数基本合适,无须调整,点击【保存更改】即可(见图 8-57)。

图 8-54 完成景观内部车辆的创建

图 8-55 点击【材质】并选中物体

图 8-56 选择材质库的【标准】类型

图 8-57 碎石铺地材质调整完毕

(2)硬质铺装材质调整。点击【材质】并选中物体,物体被选中后会显示绿色。选择材质库的【标准】类型,打开【材料属性】对话框,这里调整着色为重灰色,SHIFT 值为 0.4,光泽与反射率均为 0.2,点击【保存更改】即可(见图 8-58)。注意:【材料属性】对话框里的着色会影响材质的色调及颜色的深浅;光泽影响材质的反光效果;反射率决定材质是否反射四周(一般情况仅反射天和山);视差用于凸显模型质感,需要法线贴图才有作用;地图比例尺用于缩放纹理大小。

(3)道路材质调整。点击【材质】并选中物体,物体被选中后会显示绿色。选择材质库的【标准】类型,打开【材料属性】对话框,这里调整着色为接近黑色,SHIFT 值为 0.4,光泽与反射率均为 0.1,点击【保存更改】即可(见图 8-59)。

图 8-58　硬质铺装材质调整完毕

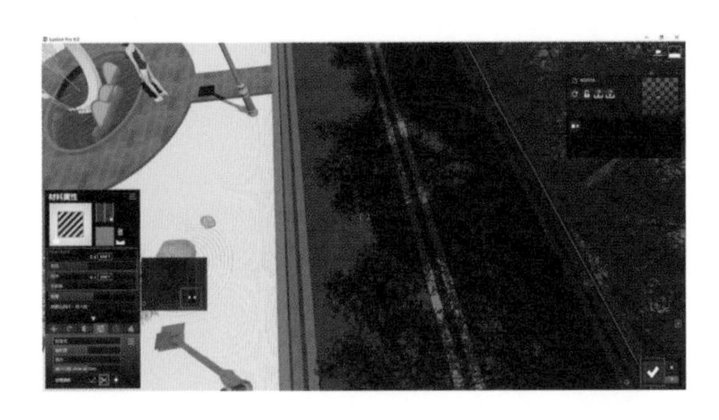

图 8-59　道路材质调整完毕

(4)水面材质调整。点击【材质】并选中物体,物体被选中后会显示绿色。选择材质库的【自然】→【水】,并选择其中一种材质(见图 8-60),点击【保存更改】,水面材质赋予完成(见图 8-61)。然后把该材质复制给场景中其他水体。首先在【材料属性】对话框中点击菜单并选择复制(见图 8-62),单击【保存更改】。再选中其他水体,单击材质库中的【标准】(见图 8-63),进入【材料属性】对话框,选择【粘贴】(见图 8-64),单击【保存更改】(见图 8-65)。用此方法将水面材质继续复制给其他水体(见图 8-66)。

图 8-60　选择材质库的【自然】→【水】

图 8-61　水面材质调整完毕

图 8-62　复制材质

图 8-63　单击【标准】

图 8-64　选择【粘贴】

图 8-65　水面材质复制完毕

(5)玻璃材质调整。点击【材质】并选中物体，物体被选中后会显示绿色。选择材质库的【室外】→【玻璃】，并选择其中一种材质，点击【保存更改】，玻璃材质赋予完成(见图 8-67)。用此方法完成其他部分的玻璃材质赋予(见图 8-68)。

图 8-66　水面材质完成效果

图 8-67　玻璃材质调整完毕

(6)雕塑材质调整。点击【材质】并选中物体，物体被选中后会显示绿色。选择材质库的【室外】→【金属】，并选择其中一种材质，点击【保存更改】，圆形雕塑金属材质赋予完成(见图 8-69)。用同样的方法完成鱼形雕塑的金属材质赋予(见图 8-70)。

景观中其他材质的调整。用上面讲解的方法完成剩余场景的材质调整(见图 8-71)。这里要注意，用 Lumion 9.0 物体系统创建的模型不能调整材质，其他用 SketchUp 2020 创建的模型均可调整材质。

图 8-68　其他玻璃材质调整完毕

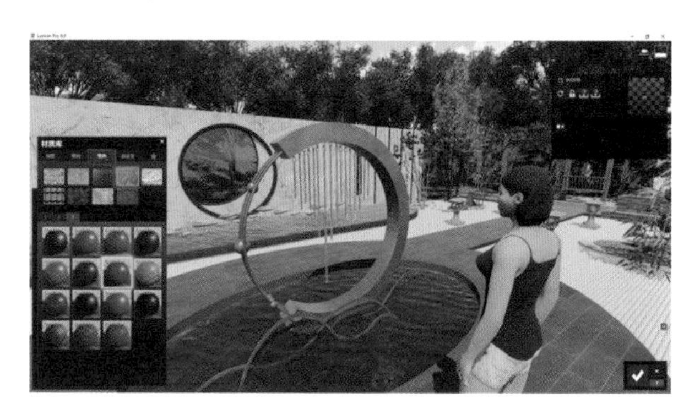

图 8-69　圆形雕塑金属材质调整完毕

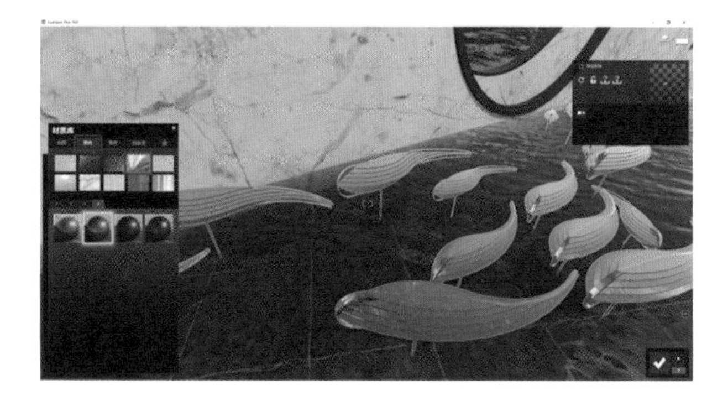

图 8-70　鱼形雕塑金属材质调整完毕

图 8-71　场景材质调整完毕

(三)景观环境渲染表现

1. 日景表现

在 Lumion 9.0 进行日景表现主要是通过调整太阳光、风格及特效来实现的。下面讲解日景表现的晴天、多云、下雨的效果。

(1)晴天表现。

①天气系统调整。点击【天气】,调整【太阳方位】与【太阳高度】(见图 8-72)。

②拍照模式调整。点击【拍照模式】(见图 8-73),调整构图,点击【保存相机视口】(见图 8-74)。保存相机视口的目的主要是方便以后的调用与调整。

图 8-72 天气系统调整

图 8-73 拍照模式调整

③风格特效调整。点击【自定义风格】(见图 8-75),选择【真实】风格(见图 8-76),并对其曝光度、颜色校正、超光、天空光照、阴影等参数进行调整。添加【太阳】、【2 点透视】、【天空和云】特效并对其参数进行调整(见图 8-77)。调整好后,点击【渲染照片】并选择【印刷】(见图 8-78),保存路径进行渲染,最终日景晴天表现完成(见图 8-79)。

图 8-74 保存相机视口

图 8-75 选择【自定义风格】

图 8-76 选择【真实】风格

图 8-77 添加特效

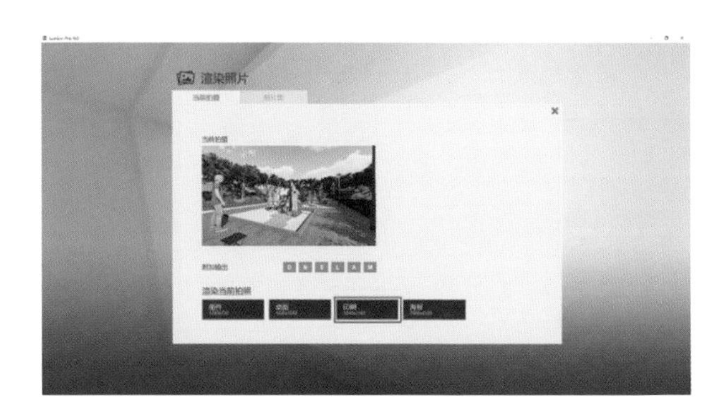

图 8-78　选择【印刷】

图 8-79　日景晴天表现效果(设计与表现:单宁)

(2)多云表现。

①天气系统调整。点击【天气】,调整【太阳方位】与【太阳高度】(见图 8-80)。

②拍照模式调整。点击【拍照模式】,调整构图,点击【保存相机视口】(见图 8-81)。

图 8-80　调整太阳方位与高度

图 8-81　保存相机视口

③风格特效调整。点击【自定义风格】,选择【真实】风格,并对其阴影、景深等参数进行调整。添加天气和气候中的【真实天空】特效(见图 8-82),选择其中的一种多云类型(见图 8-83),并对其参数进行调整(见图 8-84)。调整好后,点击【渲染照片】,进行渲染,最终日景多云表现完成(见图 8-85)。

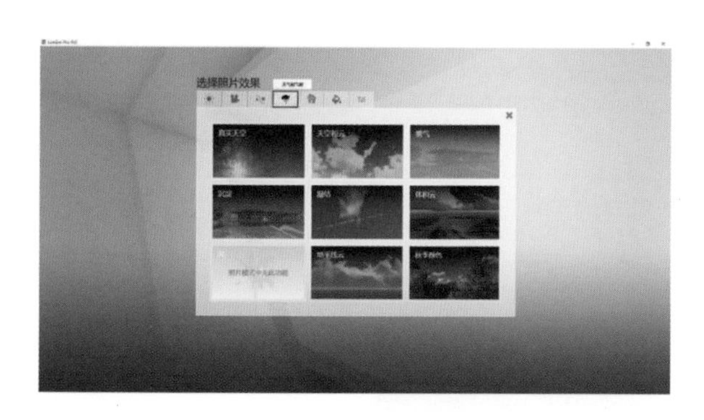

图 8-82　添加【真实天空】特效

图 8-83　在【真实天空】中选择一种多云类型

图 8-84　真实天空特效参数调整 1

图 8-85　日景多云表现效果(设计与表现:单宁)

(3)下雨表现。

①更换人物模型。点击【物体】→【人和动物】,删除原先场景中的人物并选择一个打伞的人物,以符合雨天的情景表现(见图 8-86)。

②拍照模式调整。点击【拍照模式】,调整构图,点击【保存相机视口】。

③风格特效调整。添加天气和气候中的【沉淀】与【真实天空】特效(见图 8-87),并对其参数进行调整(见图 8-88 和图 8-89)。调整好后,点击【渲染照片】,进行渲染,最终下雨表现效果完成(见图 8-90)。

图 8-86 更换场景中的人物

图 8-87 添加天气和气候中的【沉淀】与【真实天空】特效

图 8-88 沉淀特效参数调整

图 8-89 真实天空特效参数调整 2

图 8-90 日景下雨表现效果(设计与表现:单宁)

2. 夜景表现

在 Lumion 9.0 进行夜景表现主要是通过调整人工光源、风格及特效来实现的。下面讲解夜景表现的效果。

①天气系统调整。点击【天气】,调整【太阳方位】与【太阳高度】(见图 8-91)。

②拍照模式调整。点击【拍照模式】,调整构图,点击【保存相机视口】。

③灯光调整。点击【物体】→【灯光与实用工具】,选择光源与工具库中的【点光源】并移动到相应的位置(见图 8-92)。调整光源的颜色、亮点、减弱(实际是控制灯光范围)等属性(见图 8-93)。用此方法完成场景中其他点光源的设置(见图 8-94)。

图 8-91　调整太阳方位与高度

图 8-92　选择光源与工具库中的点光源

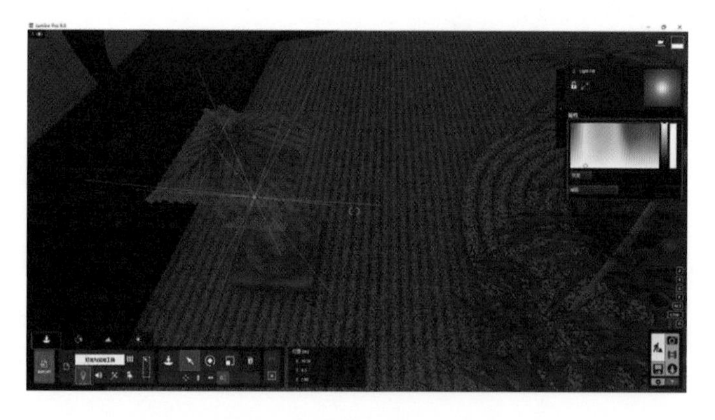

图 8-93　调整点光源的属性

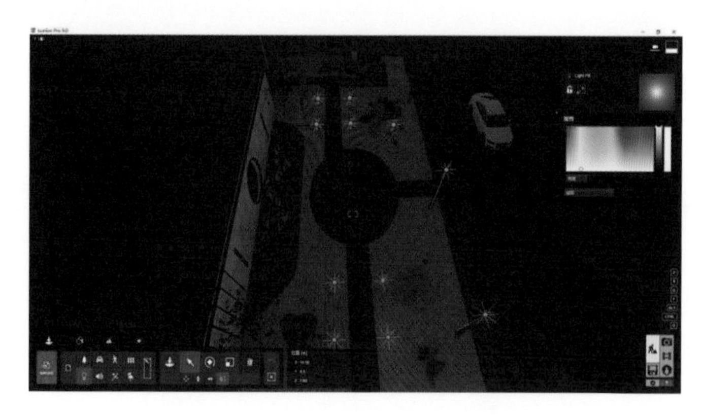

图 8-94　场景中其他点光源设置完毕

④材质调整。点击【材质】→【照明贴图】(见图 8-95),调整照明贴图的材料属性(见图 8-96)。用此方法完成场景中其他需要照明贴图的物体的设置。设计照明贴图是通过材质的方法模拟光源。

图 8-95　点击【材质】→【照明贴图】

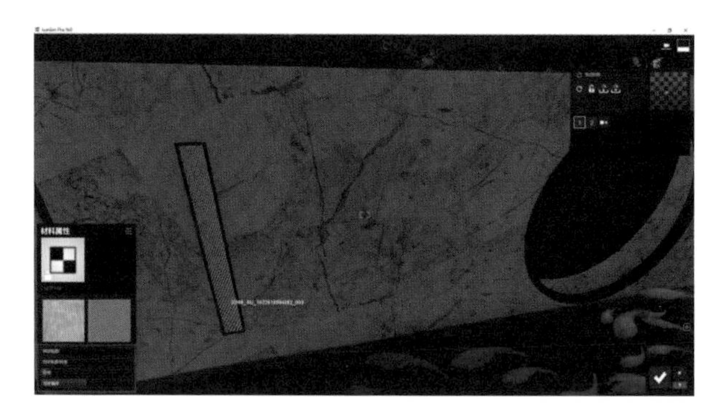

图 8-96　调整照明贴图的材料属性

⑤风格特效调整。点击【自定义风格】,选择【夜晚】(见图 8-97),添加【真实天空】与【2 点透视】特效,并对其参数进行调整(见图 8-98 和图 8-99)。调整好后,点击【渲染照片】,进行渲染,最终夜景表现效果完成(见图 8-100)。

图 8-97　在【自定义风格】中选择【夜晚】

图 8-98　真实天空特效参数调整 3

图 8-99 透视特效参数调整

图 8-100 夜景表现效果(设计与表现:单宁)

二、Lumion 9.0 漫游动画制作

(一)动画路径的制作

1. 操作思路

在 Lumion 9.0 中进行景观动画路径的制作时,可以遵循从远到近的原则,以道路为行走轨迹,同时要考虑景观节点及人的习惯性角度。

2. 操作步骤

(1)制作镜头 1。点击【动画模式】(见图 8-101),再点击【录制】(见图 8-102),接着点击【拍摄照片】,开始记录动画(见图 8-103)。

(2)记录漫游路径。按住空格键缓慢移动,记录镜头 1 行走路径,注意关键帧的记录(见图 8-104)。用此方法制作镜头 2 与镜头 3(见图 8-105)。

图 8-101　点击【动画模式】

图 8-102　点击【录制】

图 8-103　点击【拍摄照片】

图 8-104　关键帧的记录

(二)动画特效的制作

1. 操作思路

Lumion 9.0 中的景观动画特效主要有人物行走、车辆行驶、下雨、下雪、喷泉、火焰、烟雾、雾气、落叶等。在这里主要介绍人物行走与车辆行驶动画的制作。

2. 操作步骤

(1)人物行走动画制作。点击【特效】,选择场景和动画中的【移动】特效(见图 8-106),执行【移动】命令(见图 8-107),记录人物起点位置(见图 8-108),再记录人物终点位置(见图 8-109)。点击【特效】,选择场景和动画中的【高级移动】特效(见图 8-110),执行【高级移动】命令(见图 8-111),用关键帧记录整个人物的运动轨迹(见图 8-112)。

图 8-105　镜头制作完成

图 8-106　选择场景和动画中的【移动】特效

图 8-107 执行【移动】命令

图 8-108 记录人物起点位置

图 8-109 记录人物终点位置

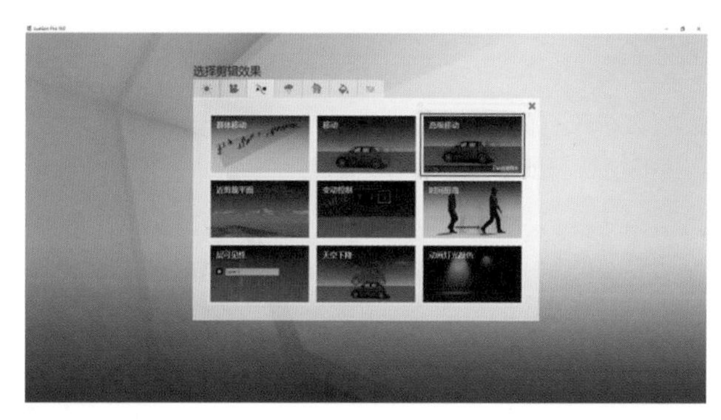

图 8-110 选择场景和动画中的【高级移动】特效

图 8-111 执行【高级移动】命令

图 8-112 记录人物的运动轨迹

(2)车辆行驶动画制作。点击【特效】,选择场景和动画中的【移动】特效,执行【移动】命令,记录车辆起点位置(见图 8-113),再记录车辆终点位置(见图 8-114)。

图 8-113 记录车辆起点位置

图 8-114 记录车辆终点位置

(三)动画的渲染输出

1. 操作思路

在进行景观动画的渲染输出前,可以先在 Lumion 里添加声音、制作片头,之后再渲染输出。当然,也可以直接渲染输出。添加声音、制作片头等剪辑工作在 Premiere 等后期软件里进行。

2. 操作步骤

(1)添加声音。点击【物体】→【声音】(见图 8-115),选择一种合适的声音添加到场景中。

(2)制作片头。点中【特效】,选择各种特效中的【标题】(见图 8-116)。输入片头字幕(见图 8-117),调整风格中的样式、过渡、字体,调整完成后点击确定(见图 8-118)。

图 8-115 添加声音

图 8-116 添加标题

图 8-117 输入片头字幕

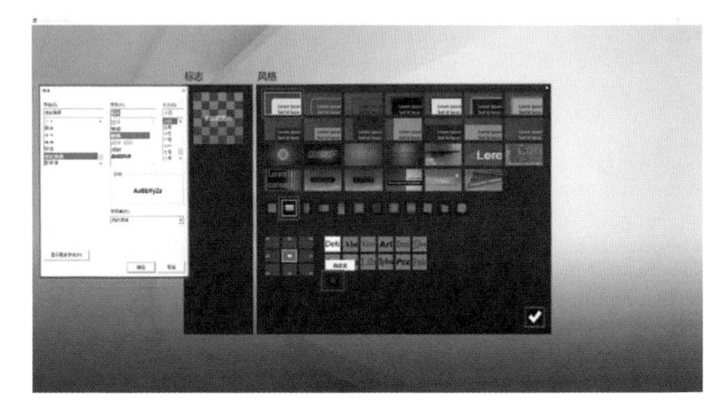

图 8-118 编辑字幕效果

(3)渲染输出。点击【渲染影片】(见图 8-119),调整渲染输出参数如下:输出品质 3 星、每秒帧数 30、全高清类型(见图 8-120),调整完成后指定路径保存渲染。

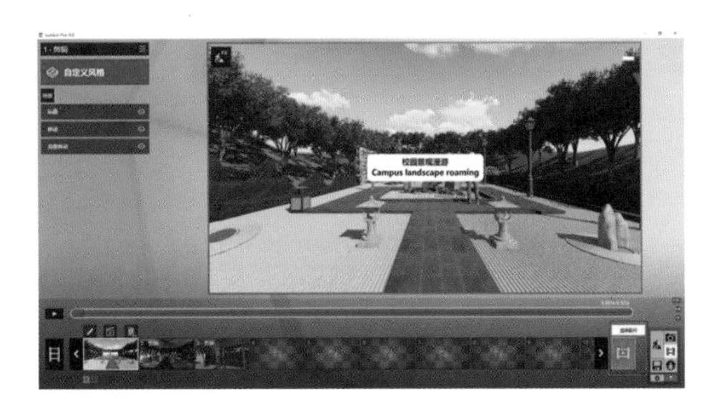

图 8-119 点击【渲染影片】

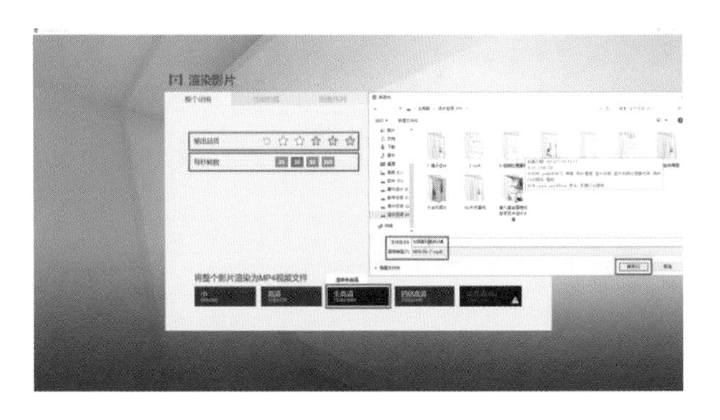

图 8-120 调整渲染输出参数

实训项目四：室外景观效果图表现

【实训目的】

掌握 SketchUp 2020 景观环境建模与材质赋予的技巧与方法；掌握利用 Lumion 9.0 进行景观效果图表现与漫游动画制作的技巧与方法。

要求景观模型尺度准确，制作精细，材质真实且富有质感，整体表现效果突出。漫游动画镜头运用合理，动画特效表现到位，整体制作精良。

【实训内容】

校园局部景观环境表现。

【思政导入】

党的十九大报告提出："文化自信是一个国家、一个民族发展中更基本、更深沉、更持久的力量。"文化自信和中华优秀传统文化密切相关，我们的文化自信要建立在传承和弘扬中华优秀传统文化，以及创造性转化、创新性发展的基础上。在进行校园景观空间的三维表达时，可融入我国的传统文化，从而培养学生的文化自信与文化创新能力。

【融入创新创业精神】

建立调研机制，通过具体案例的讲解与分析，启发学生的创意思维，并逐步培养学生的创新能力。

【融入 OBE 教育理念】

实施 OBE 教育模式，把课程团队正在做或已经做的项目融入课程中，强调课内与课外、课堂教学与自主学习相结合，创建基于 OBE 教育理念的课堂教学评价体系，提高学生的实际操作能力和岗位专业技能，培养学生分析问题、提出问题和解决问题的能力，提高学生的竞争力。

【考核办法和要求】

(1)能独立完成室外景观模型的绘制，并掌握相关技法；

(2)室外景观模型尺寸准确，满足功能与形式要求；

(3)利用 Lumion 完成景观空间效果图表现；

(4)利用 Lumion 制作景观漫游动画，要求效果突出。

Sanwei Ruanjian Yingyong

第九章

环境空间效果图欣赏

本章概述

本章主要由建筑效果图欣赏、室内效果图欣赏、景观效果图欣赏三部分组成。

学习目标

旨在丰富课程内容的同时开拓学生的视野，使学生能够充分认识到不同类别环境空间效果图的表现特点，使学生在欣赏中有所感悟，在欣赏中进行思考和认知，从而有利于以后效果图的表现。

第一节 建筑效果图欣赏

一、建筑效果图表现注意事项

（一）制图思路

在做建筑效果图的时候，大家首先要了解建筑的功能和特点，分析建筑物的空间、环境、体量等，找出最有特点的一些地方并进行重点表现。其次，把握好建筑的内涵，在材质、气氛的表现上尽可能多地反映建筑的气质。最后，分析出最适合表现该建筑空间的时段和季节，在制作的过程中做到胸有成竹。

（二）制图步骤

1. 日景表现

(1)明确表现意图，找出将要重点表现的部分。

(2)分析建筑的特点，创建合理的摄像机角度，确定构图。

(3)根据角度来选择主光灯的位置，并让它投射阴影。初步渲染，观察建筑物的光影关系，调整入射角度和光线范围等。

(4)根据初步渲染的结果调整光线的色彩、强度、阴影、方位等参数，调整基本的光影关系，并确定场景应表现的时间点。

(5)创建全局光的光源系统，由时间点来确定整个画面的基调。

(6)调整材质参数，选出一些重点材质，单独反复调整，然后调整各个材质间的关系。

(7)在调整过程中，注意各个材质的质感、色彩、搭配关系等，最后要调整整个画面的光感、整体效果等。

(8)最终图渲染完之后，渲染色块通道(根据需要选择是否渲染)。

(9)进入 Photoshop 软件，由背景到前景依次进行后期制作。协调画面的明暗、色调等关系，把握好配景的尺度，完成制作。

2. 夜景表现

(1)在表现夜景时要有强烈的明暗对比意识。一般来说，在建筑效果图表现中常见的组合是前景—暗调、中景—亮调、背景—中调。前景作为中景移动的构图框架，其明暗对比应该最弱。中景则是我们所要表现的建筑主体（一般是画面的中心），具有强烈的明暗对比以及鲜明的色彩、丰富的元素。将背景处理成中调，可衬托、修饰中景。作为视觉中心的中景介于前景和背景之间，明暗基调一目了然。

（2）设置趣味中心。趣味中心（又称焦点）是画面的一部分，包含画面的主题，自然会吸引观者的视线。每张渲染图都要表达一个意思，理想的情况是一张画面只传递一个信息，若画面成分太复杂，就会失去重点，分散观者的注意力。

（3）建立夜景图的光环境。一般夜景建筑效果图主灯较暗，光线略微偏蓝，且要体现出较为强烈的素描效果，不能调得太灰。室内补灯，可为热光，也可为冷光，视建筑类型而定，住宅多用热光，公共建筑可用冷光。注意：在夜景光环境的营造过程中画面不宜过白，这样会显得没有层次；亮点不宜过多，应抓住最主要的一两个充分发挥，以免分散视觉中心。

（4）材质的调整。在材质的调整过程中要注意建筑外墙不宜太黑，以免不利于材料的质感表达。另外要重点调节玻璃的材质，有时玻璃会不够亮，可以给玻璃较亮的滤色，也可以适当给玻璃一定的自发光。

（5）辅助光的调整。在室外加辅光，使建筑产生较为柔和的退晕（注意不要削弱素描关系），渲染时应注意整体画面的基调，强调颜色的冷暖对比。

（6）Photoshop 的后期处理。首先，人物、配景注意整体色调搭配，统一于建筑所处的光环境之中。其次，可适当加强建筑主体的明暗对比。再次，根据建筑性质来做适当的配景，如商场、写字楼、剧院等一般需要营造商业气氛和足够的人流、街灯，来体现都市的繁华，住宅则要体现温馨、人气旺盛的感觉。最后，注意天空与整体画面的搭配，天空的构图要注意对比，建筑暗时，天空要亮，反之亦然。另外，云的形状不要映射建筑轮廓，天空要占渲染图的三分之一，不要把天空看作建筑物后面的透空部分，这一点十分重要，天空是用来调整建筑物透视效果的，但不能喧宾夺主。

二、建筑效果图赏析

建筑效果图欣赏（见图 9-1 至图 9-20）。

图 9-1 “瓷如意”中国馆建筑外观效果图 1（设计＋表现：单宁）

图 9-2 “瓷如意”中国馆建筑外观效果图 2(设计＋表现:单宁)

图 9-3 “孕育的建筑”日景效果(设计＋表现:单宁)

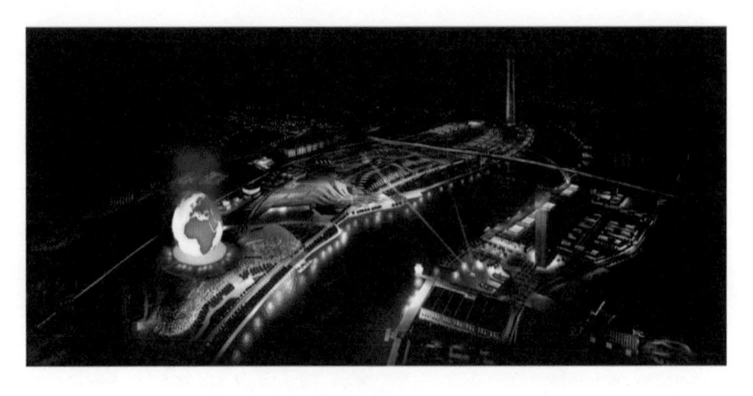

图 9-4 “孕育的建筑”夜景效果(设计＋表现:单宁)

图 9-5　生态馆建筑外观效果图(设计+表现:单宁)

图 9-6　“瓷 · 忆”建筑外观效果图(设计+表现:单宁)

图 9-7　迪拜世博会中国馆建筑外观效果图

图 9-8　迪拜世博会阿联酋馆建筑外观效果图

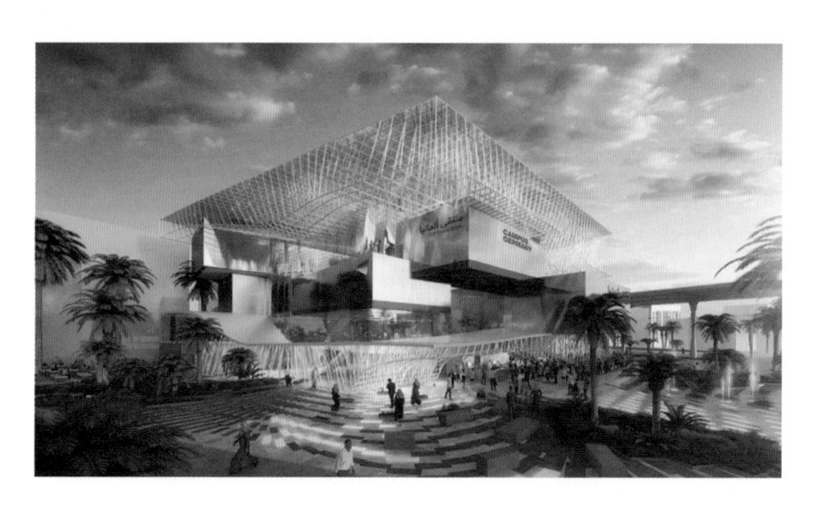

图 9-9　迪拜世博会德国馆建筑外观效果图

图 9-10　迪拜世博会可持续发展馆建筑外观效果图

图 9-11　迪拜世博会英国馆建筑外观效果图

图 9-12　迪拜世博会卢森堡馆建筑外观效果图

图 9-13　迪拜世博会西班牙馆建筑外观效果图

图 9-14 迪拜世博会阿塞拜疆展馆建筑外观效果图

图 9-15 迪拜世博会俄罗斯馆建筑外观效果图

图 9-16 迪拜世博会巴西馆建筑外观效果图

图 9-17　迪拜世博会奥地利馆建筑外观效果图

图 9-18　米兰世博会中国馆建筑外观效果图

图 9-19　米兰世博会德国馆建筑外观效果图

图 9-20　米兰世博会万科馆建筑外观效果图

第二节
室内效果图欣赏

由于室内效果图的制作方法在本书第七章有较为详细的介绍，在这里就不再赘述。下面是本书作者设计并制作的室内效果图(见图 9-21 至图 9-44)。

图 9-21　中国核动力科技馆前厅效果图(设计+表现:单宁)

图 9-22 中国核动力科技馆核能力展示区效果图(设计+表现:单宁)

图 9-23 中国核动力科技馆军用核动力介绍部分效果图(设计+表现:单宁)

图 9-24 中国核动力科技馆型谱化发展战略部分效果图(设计+表现:单宁)

图 9-25　湖南布拉诺幼儿园大厅效果图(设计＋表现:卢睿泓)

图 9-26　湖南布拉诺幼儿园国学馆效果图(设计＋表现:卢睿泓)

图 9-27　湖南布拉诺幼儿园教室效果图(设计＋表现:卢睿泓)

图 9-28　湖南布拉诺幼儿园舞台效果图(设计＋表现:卢睿泓)

图 9-29　重庆万科御澜道会所展厅效果图(设计＋表现:单宁)

图 9-30　山东省威海市苘山镇政企沙龙展厅效果图(设计＋表现:单宁)

图 9-31　Ventus 酒店大堂效果图(设计＋表现:卢睿泓)

图 9-32　Ventus 酒店客房效果图(设计＋表现:卢睿泓)

图 9-33　新疆君合酒店大厅效果图(设计＋表现:卢睿泓)

图 9-34　新疆君合酒店标间效果图(设计+表现:卢睿泓)

图 9-35　核动力院反应堆燃料及材料重点实验室展厅效果图 1(设计+表现:单宁)

图 9-36　核动力院反应堆燃料及材料重点实验室展厅效果图 2(设计+表现:单宁)

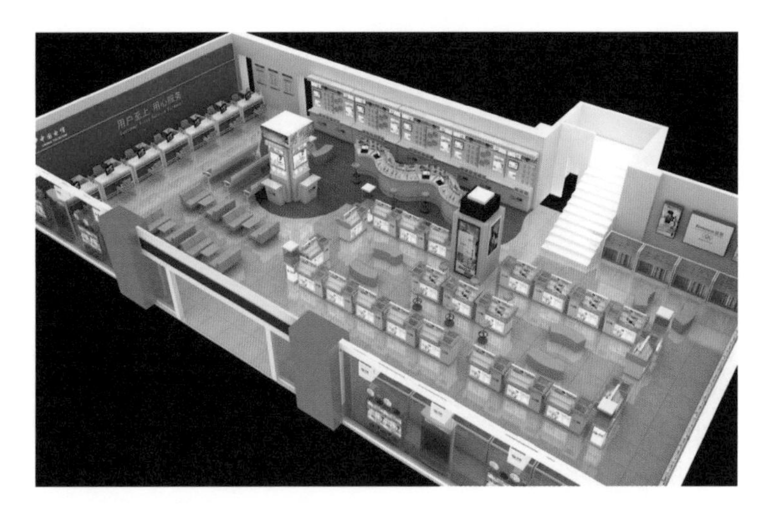

图 9-37　山东省潍坊市电信营业厅效果图(设计+表现:单宁)

图 9-38　重庆月见花餐饮空间效果图(设计+表现:卢睿泓)

图 9-39　安徽别墅效果图(设计+表现:卢睿泓)

图 9-40 成都麓湖浪速运动空间效果图(设计+表现:卢睿泓)

图 9-41 鸿源门窗专营店建筑外观效果图(设计+表现:单宁)

图 9-42 甘孜县民俗文化展馆效果图(设计+表现:蒋梦菲)

图 9-43　甘孜县民俗文化展馆效果图(设计+表现:蒋梦菲)

图 9-44　魅客学院活动教室(设计+表现:蒋梦菲)

第三节
景观效果图欣赏

由于景观效果图的制作方法在本书第八章有较为详细的介绍,在这里就不再赘述。下面是本书作者设计并制作的景观效果图(见图 9-45 至图 9-65)。

图 9-45　四川文化艺术学院天梯景观效果图 1(设计＋表现:单宁)

图 9-46　四川文化艺术学院天梯景观效果图 2(设计＋表现:单宁)

图 9-47　四川文化艺术学院天梯牌坊日景效果图(设计＋表现:单宁)

图 9-48　四川文化艺术学院天梯牌坊夜景效果图(设计+表现:单宁)

图 9-49　四川文化艺术学院流水墙景观效果图(设计+表现:单宁)

图 9-50　四川文化艺术学院校门景观效果图(设计+表现:单宁)

图 9-51　四川文化艺术学院校园景观效果图(设计＋表现:单宁)

图 9-52　四川文化艺术学院大树景观效果图 1(设计＋表现:单宁)

图 9-53　四川文化艺术学院大树景观效果图 2(设计＋表现:单宁)

图 9-54　四川文化艺术学院音乐楼前楼梯景观效果图(设计+表现:单宁)

图 9-55　四川文化艺术学院广场景观效果图 1(设计+表现:单宁)

图 9-56　四川文化艺术学院广场景观效果图 2(设计+表现:单宁)

图 9-57 四川文化艺术学院广场景观效果图 3(设计+表现:单宁)

图 9-58 四川文化艺术学院广场景观效果图 4(设计+表现:单宁)

图 9-59 四川文化艺术学院路边花镜景观效果图 1(设计+表现:单宁)

图 9-60　四川文化艺术学院路边花镜景观效果图 2(设计+表现:单宁)

图 9-61　Levenshulme 集市空间设计效果图(设计+表现:胡幸)

图 9-62　Levenshulme 街道改造效果图(设计+表现:胡幸)

图 9-63　东华厂概念设计效果图(设计+表现:胡幸)

图 9-64　生态绿道概念设计效果图(设计+表现:胡幸)

图 9-65　英国 Barber Shop 设计效果图(设计+表现:胡幸)

实训项目五：综合实训

【实训目的】

掌握室内、景观、构筑物模型的创建方法；掌握模型效果图透视角度的选择方法；掌握模型剖立面视图的选择及创建方法；掌握室内与景观效果图的后期处理方法及漫游动画的制作方法。

【实训内容】

室内或室外空间环境表现。

【融入创新创业精神】

教学方法以行动导向教学法为主，综合运用任务驱动项目教学法、情景模拟教学法、案例讨论法等。强调在环境设计过程中以学生为主体、教师为主导，让学生在项目情境中完成学习，强化学生对环境设计方法和表现技巧的掌握，提升其职业素养和创新能力。

【考核办法和要求】

(1)能独立完成室内或室外景观模型的绘制，并掌握相关技法；

(2)室内外模型尺寸准确，满足功能与形式要求；

(3)室内或景观空间的材质与灯光表现到位；

(4)Photoshop 后期处理的效果美观；

(5)能独立运用 SketchUp、Enscape、Lumion 进行室内或景观空间的效果图表现，完成至少 5 张透视效果图及漫游动画的表现(动画时间至少 1 分钟以上)。

参考文献
References

[1] 李波,尚蕾.2018 SketchUp 草图大师从入门到精通[M].3 版.北京:电子工业出版社,2020.

[2] 张凯,张炳成,王军.Enscape 场景设计[M].北京:电子工业出版社,2019.

[3] 叶柏风.家具・室内・环境设计 SketchUp 表现[M].上海:上海交通大学出版社,2014.

[4] 冀海玲,方聪,何凤.SketchUp Pro 2016 中文版从入门到精通[M].北京:人民邮电出版社,2018.

[5] 刘雪,蔡文明.SketchUp+V-Ray 建模与渲染[M].武汉:华中科技大学出版社,2019.

[6] 邓宇燕.中文版 Rhino 5.0 实用教程[M].北京:人民邮电出版社,2019.

[7] 张云杰,尚蕾.SketchUp 完全学习手册(微课精编版)[M].北京:清华大学出版社,2019.

[8] 李红术.中文版 SketchUp 草图绘制技术精粹[M].北京:清华大学出版社,2016.